人类生存的基石

地质环境

DIZHI HUANJING

鲍新华　张　戈　李方正◎编写

U0305733

吉林出版集团股份有限公司
全国百佳图书出版单位

图书在版编目（CIP）数据

人类生存的基石——地质环境 ／ 鲍新华，张戈，李方正

编写. -- 长春：吉林出版集团股份有限公司，2013.6（2023.5重印）

（美好未来丛书）

ISBN 978-7-5463-4937-4

Ⅰ．①人… Ⅱ．①鲍… ②张… ③李… Ⅲ．①地质环

境-青年读物②地质环境-少年读物 Ⅳ．①P5-49

中国版本图书馆CIP数据核字(2013)第123439号

人类生存的基石——地质环境
RENLEI SHENGCUN DE JISHI DIZHI HUANJING

编　写	鲍新华　张　戈　李方正	
责任编辑	息　望	
封面设计	隋　超	
开　本	710mm×1000mm　　1/16	
字　数	105千	
印　张	8	
版　次	2013年 8月 第1版	
印　次	2023年 5月 第5次印刷	

出　版	吉林出版集团股份有限公司
发　行	吉林出版集团股份有限公司
地　址	长春市福祉大路5788号
	邮编：130000
电　话	0431-81629968
邮　箱	11915286@qq.com
印　刷	三河市金兆印刷装订有限公司

书　号	ISBN 978-7-5463-4937-4
定　价	39.80元

前　　言

　　环境是指围绕着某一事物（通常称其为主体）并对该事物产生某些影响的所有外界事物（通常称其为客体）。它既包括空气、土地、水、动物、植物等物质因素，也包括观念、行为准则、制度等非物质因素；既包括自然因素，也包括社会因素；既包括生命体形式，也包括非生命体形式。

　　地球环境便是包括人类生活和生物栖息繁衍的所有区域，它不仅为地球上的生命提供发展所需的资源与空间，还承受着人类肆意的改造与冲击。

　　环境中的各种自然资源（如矿产、森林、淡水等）不仅构成了赏心悦目的自然风景，而且是人类赖以生存、不可缺少的重要部分。空气、水、土壤并称为地球环境的三大生命要素，它们既是自然资源的基本组成，也是生命得以延续的基础。然而，随着科学技术及工业的飞速发展，人类向周围环境索取得越来越多，对环境产生的影响也越来越严重。人类对各种资源的大量掠夺和各种污染物的任意排放，无疑都对环境产生了众多不可逆的伤害。

　　人类活动对整个环境的影响是综合性的，而环境系统也从各个方面反作用于人类，其效应也是综合性的。正如恩格斯所说："我们不要过分陶醉于我们对自然界的胜利。对于每一次这样的胜利，自然界都报复了我们。"于是，各种环境问题相继产生。全球变暖导致的海平面上升，直接威胁着沿海的国家和地区；臭氧层的空洞，使皮肤病等疾病的发病率大大提高；对石油无节制的需求，在使环境质量受到严重考验的同时，不禁令我们担心子孙后辈是否还有能源可用；过度的捕鱼已超过了海洋的天然补给能力，很多鱼类的数量正在锐减，甚至到了灭绝的边缘，而其他动植物也正面临着同样的命运；越来越多的核废料在处理上遇到困难，由于其本身就具有可能泄漏的危险，所以无论将其运到哪里，都不可避免地给环境造成污染。厄尔尼诺现象的出现、土地荒漠化和盐渍化、大片森林绿地的消失、大量物种的灭绝等现象无一不警示人们，地球环境已经处于一种亚健康的状态。

放眼世界，自20世纪六七十年代以来，环境保护这个重大的社会问题已引起国际社会的广泛关注。1972年6月，来自113个国家的政府代表和民间人士，参加了联合国在斯德哥尔摩召开的人类环境会议，对世界环境及全球环境的保护策略等问题进行了研讨。同年10月，第27届联合国大会通过决议，将6月5日定为"世界环境日"。就中国而言，环境问题是中国人民21世纪面临的最严峻的挑战之一，保护环境势在必行。

本套书籍从大气环境、水环境、海洋环境、地球环境、地质环境、生态环境、生物环境、聚落环境及宇宙环境等方面，在分别介绍各环境的组成、特性以及特殊现象的同时，阐述其存在的环境问题，并针对个别问题提出解决策略与方案，意在揭示人与环境之间的密切关系，人与环境之间互动的连锁反应，警醒人类重视环境问题，呼吁人们保护我们赖以生存的环境，共创美好未来。

目 录

MU LU

01 地质环境概述

随着人口的剧增、资源的开发、科学技术的发展与进步，人们越来越关心环境和保护环境。但是在环境保护中人们比较容易忽视地质环境以及地质环境的变化对人类生存、生态平衡的重要影响。地球作为一个完整的动力系统是在不断变化的，地质环境的变化必将引起大气圈、水圈和生物圈的变化，这种变化又反过来影响人类生存和生态平衡。

地质环境是自然环境的一部分，是指组成岩石圈的接近地表部分的岩石、水和土壤。它是人类赖以生存和生活的客观地质实体，上

▲ 蓝天下的山峦

界是地壳表面，下界是人类工程——开掘工程、钻孔所达到的深度。因此，地质环境是能够被人们所利用，且能够产生经济效益的，也就是说，地质环境可以成为资源。人类不仅要充分地开发、利用地质环境，更要保护地质环境，珍惜自然资源。然而，在地质环境中，也孕育着各种地质灾害，例如地震、崩塌、滑坡、泥石流、地面沉降、地面塌陷、土地沙漠化、地裂以及水土流失、河湖变迁、地下水和土体污染等现象。从环境地质学的角度来看，这些地质灾害都是地质环境的急剧变化，是地球内动力地质作用引起的变化，会对人类的生存环境和生态平衡产生瞬时的灾难性恶果。

❶ 生态平衡

生态平衡是指在一定时间内生态系统中的生物和环境之间、生物各个种群之间，通过能量流动、物质循环和信息传递，使它们相互之间达到高度适应、协调和统一的状态。在生态系统内部，生产者、消费者、分解者和非生物环境之间，在一定时间内保持着能量与物质输入、输出动态的相对稳定状态。

❷ 钻孔

用钻头在实体材料上加工孔叫钻孔。在地质勘察工作中，钻孔又称钻井，是利用钻探设备向地下钻成的直径较小深度较大的柱状圆孔。钻孔的直径和深度，取决于地质矿产埋藏深度和钻孔的用途。

❸ 地面塌陷

地面塌陷是指地表岩、土体在自然因素或人为因素作用下，向下陷落，并在地面形成塌陷坑（洞）的一种地质现象。当这种现象发生在有人类活动的地区时，便可能成为一种地质灾害。地面塌陷的形成原因中，以人为因素引起的岩溶塌陷和采空塌陷最为常见。

02 地质环境的重要性

▲ 神农架山谷

　　地质环境学是一门新兴的学科，是环境科学的一个分支。它专门研究地质营力，包括各种力量造成的自然环境，例如处于印度板块和欧亚板块之间的喜马拉雅山的升起对大气循环的影响，岩浆活动、地震等对人类环境的影响，还有外力地质作用对环境的影响等。

　　造就和改变自然环境的基本动力是各种内、外地质营力。我们今天所见到的高山、盆地、平原和丘陵，正是亿万年来各种地质作用的结果。岩浆活动、火山喷发、构造变动、地震活动、风沙运动、河湖冲积，或许是瞬息间就发生的，或许是数十万年才能完成的，它们都不以人的意志为转移，而是按照地质发展规律发生着。

人类的历史相对于漫长的地质历史是短暂的，一个人的生命历史相对于地质历史就更为短暂了。在人的一生中，我们只能看到一些短暂的地质事件，就连冰川移动、三角洲增长、风沙黄土堆积这样一些从地质历史上来讲极其短暂的事件，我们也因为其形成时间太长而难以感受到。从这个意义上来说，我们今天所依存的是一个在地质历史中形成的并继续受各种地质作用影响和制约的环境，它远远超出我们所指的生物圈和某些非生物圈层的范畴。这就是我们地质环境的最基本的含义。

❶ 岩浆活动

自岩浆的产生、上升到岩浆冷凝固结成岩的全过程称为岩浆活动或岩浆作用。全球岩浆活动较活跃的地区大多分布在板块的边界，如著名的环太平洋"火环"，主要是由于太平洋板块隐没在邻接的板块之下而造成的火山活动。

❷ 地质营力

地质营力是指引起地质作用的自然力。地质作用可分为物理作用、化学作用和生物作用。它们既发生于地表，也发生于地球内部。作用于地球的自然力会使地球的物质组成、内部结构和地表形态发生变化。

❸ 三角洲

三角洲即河口冲积平原，是一种常见的地表地貌。它的形成是由于河流入海或湖泊时流速降低，所携带的泥沙大量沉积而逐渐发展形成的。从平面上看，其形状像三角形，顶部指向上游，底边为其外缘，所以叫三角洲。

03 地质环境的变化

　　地质环境的变化有些是急剧的，是地球内动力地质作用引起的变化，如地震、火山喷发，对人类的生存环境和生态平衡产生瞬时的灾难性的恶果。对于这种变化，人类尚不能有效地制止或改造，甚至还没有把握去预测它的出现。

　　大多数地质环境的变化是缓慢的，似乎不为人们所关心。人们何曾想到上海、杭州、崇明、南通、海门这样一些沿海城市，1万年之前还是汪洋一片。人们大概也不曾想到长江、黄河这样世界规模的大江大河，从它形成、发展至今，已经历了一个漫长的地质过程，经历了地球动力系统不断变化（侵蚀、搬运、沉积）的过程。这种变化同样影响着人类的生存和生态的平衡，只是其变化不为人所察觉。渤海是黄河的最低侵蚀基准面，每年接受黄河搬来的16亿多吨泥沙沉积物。黄河由于下游河道纵比降小，水流缓慢，泥沙淤积严重，河床不断抬高，成为地上悬河，一旦决口将造成下游地区毁灭性的洪涝灾害。水流一经改道，又缩短了入海河道，加大纵比降，产生新的侵蚀，可以上溯近百千米，然后又恢复沉积，新河道继续延伸，淤高再改道，这一切都在潜移默化地发生，却严重影响下游人民的正常生活。

▲ 干涸的河床

❶ 地质过程

地质过程是由于重力、温度变化、冻融、化学反应、地震摇晃、风和雨、冰和雪的作用而使地球物质发生、形成、变化和破坏以及与这些事件形成有关的过程。当受力超过地球物质的承受能力，物质会因为变形、移位或化学反应而发生变化。

❷ 侵蚀

侵蚀是指在风、浪等因素的作用下，岸滩等暴露在外或与这些因素相接触的部分，表面物质被逐渐剥落分离的过程。侵蚀作用是自然界的一种自然现象，可分为风化、磨蚀、溶解、浪蚀、腐蚀以及搬运作用。

❸ 河床

河床是谷底部分河水经常流动的地方。河床按形态可分为顺直河床、弯曲河床、汊河型河床、游荡型河床。河床由于受侧向侵蚀作用而弯曲，经常改变河道位置而形成新的河道。

04 中国地质环境现状

　　中国幅员辽阔，地质、地理、气候环境变化复杂，但总体上又有一定的规律，可概括成"北土南石、西山东川""北旱南雨、西干东润""北冷南热、西寒东暖"。当然这种概括不一定十分恰当，但总体是这一趋势。新构造和板块运动使中国大陆地势呈现出明显的梯级特点。这些阶梯分别是，一级阶梯青藏高原；二级阶梯在青藏高原北缘的昆仑山—祁连山一线往北和高原东缘的岷山—邛崃山—横断山脉一线往东，主要为高原和盆地；三级阶梯在大兴安岭—太行山—巫山—雪峰山一线向东，主要为低矮的丘陵和坦荡的平原，从海滨往东

▲ 青藏高原

是中国的浅海大陆架。

地质灾害的发生发展与地质、地理、气象、水文条件及人类活动有关，中国地质灾害与之相应，也有一定的规律。有人将它划分为4个区：沙化为主的地质灾害区；冻融、泥石流为主的地质灾害区；崩塌、滑坡、泥石流为主的地质灾害区；地面沉降、塌陷为主的地质灾害区。

地震是各种地质灾害中破坏性最大的一种，而中国处于欧亚地震带和环太平洋地震带之间，是世界上最大的一个大陆地震区。中国华北渤海湾周围、川滇藏地区及西北各省为强地震区。

❶ 气候

气候是长时间内气象要素和天气现象的平均或统计状态，时间尺度为月、季、年、数年到数百年以上。气候主要是由于热量的变化而引起的，以冷、暖、干、湿这些特征来衡量，通常由某一时期的平均值和离差值表征。

❷ 冻融

土地冻融是地质灾害的种类之一，是指土层由于温度降到0℃以下和升至0℃以上而产生冻结和融化的一种物理地质作用和现象。冻融灾害在中国北方冬季气温低于0℃的各省区均有发育，它给人民生活和生产建设造成了危害。

❸ 塌陷

塌陷指地表岩、土体在自然或人为因素作用下向下陷落，并在地面形成塌陷坑的一种动力地质现象。形成塌陷的原因有地下排水管、污水管的破裂，邻近建筑施工，大雨、大旱引起的地下水位急剧变化等。

05 地质环境与生物

　　无论是自然生物还是社会中的人类都栖息在地球这个庞大的地质环境当中，并从中摄取空气、水分和营养元素。生物是地质环境的产物，同时又改变着地质环境。具有区域差异的地质环境，导致生物向不同方向进化，而生物在适应环境的长期演化中，其物质组成及含量同地壳的元素丰度之间的关系也越来越明显。

　　地质环境向人类提供了大量的矿产和能源。人类从地层中开采矿石用于提取金属和非金属物质。矿产资源是经过漫长的地质时代形成的不可再生资源，因此经人类开发利用后，将很难恢复。所以，人们已经开始开发一些可再生资源，如风力、太阳能等，以达到合理开发和有节制地使用不可再生资源的目的。

　　人类对地质环境的影响正随着技术水平的提高而愈来愈大。人类为了生存一直在利用自然、改造自然，但与此同时也带来许多意想不到的变化，这种变化往往与愿望背道而驰。修建水库、采掘矿产、开凿运河都直接改变地质、地貌，大规模的改变会导致水土流失、土地沙漠化等。

❶ 水库

　　水库是一种具有拦洪蓄水和调节水流功能的水利工程建筑物，

可以用来灌溉、防洪、发电和养鱼。通常在山沟或河流的峡口处建造拦河坝而形成人工湖，这便是水库。水库按库容大小划分，可分为大型、中型、小型等，有时天然湖泊也可以称为水库（天然水库）。

② 可再生资源

可再生资源指具有自我更新、复原的特性，是可被持续利用的一类自然资源。这种环保资源的应用已越来越广泛。目前，人类已经发现并利用的主要可再生资源有太阳能、地热能、水能、风能以及生物质能。

③ 大坝

为开发、利用和保护水资源及减免水害而修建的承受水作用的建筑物，称为水工建筑物。大坝则是起挡水作用的水工建筑物，可分为土坝、重力坝、混凝土面板堆石坝、拱坝等。大坝是构成水库、水电站等水利枢纽的重要组成部分，其高度取决于枢纽地形、地质条件、淹没范围等条件。

▲ 可再生资源风能发电

06 地质环境与城市兴衰

▲ 地震后的残垣瓦砾

城市是人类历史发展到一定阶段的产物。现代世界城市化的进程正以前所未有的速度发展。中国也处于城市化的进程中，1952年中国仅有157个城市，到1988年已增加到434个，仅1988年一年就新增城市53个。

每座城市都有一部形成、发展、衰落、破坏、迁徙的演变史。城市的兴衰有其政治与社会因素，但在很大程度上依赖自然因素，而地质环境则是众多自然因素的基础。最新地质构造运动引起的地面升降、地壳形变、河道变迁、地形地貌演变，地震、火山、滑坡、泥石流等地质作用以及水资源条件和地球化学环境，都对城市发展有着重要的影响。

中国是世界文明古国之一。翻开中国古代城市发展的历史，不难发现许多城市的兴衰与地质环境的关系甚为密切。如西周的丰京与镐京在今西安地区，建城250年后于周幽王十一年（公元前771年）毁于大地震；秦都咸阳城建城143年后，毁于人为因素与渭河的洪水冲蚀等。

1976年，中国唐山市发生了一次大地震，24万人死亡，城市毁于一旦，变成一堆废墟瓦砾，后来异地重新修建了新的唐山市。1995年日本神户强烈地震，使高楼林立的城市在顷刻之间变成了一个巨大的瓦砾堆，伤亡数万人，仅次于1923年的关东大地震。

❶ 城市化

城市化是由农业为主的传统乡村社会向以工业和服务业为主的现代城市社会逐渐转变的历史过程，具体包括人口职业的转变、产业结构的转变、土地及地域空间的变化。改革开放以后，中国逐步放开了对人口流动的原有控制，大量乡村人口流向了城市，同时加快了城市化的进程。

❷ 迁徙

迁徙是指从一处搬到另一处，简单地说就是搬家。通常指某种生物每年春季和秋季，有规律地沿相对固定的路线在繁殖地区和越冬地区之间进行的长距离的往返移居的行为现象。

❸ 地貌

地貌也叫地形，是地球表面各种形态的总称。地表形态是多种多样的，成因也不尽相同，是内、外力地质作用对地壳综合作用的结果。根据地表形态的规模，有全球地貌、巨地貌、大地貌、中地貌、小地貌和微地貌之分，大陆与洋盆是地球表面最大的地貌单元。

07 地质环境与癌症

全世界每年至少有500万人死于癌症。据现代医学研究表明，癌症的致病因素往往不是单一的，而是由多种因素决定的。不过，人们已知80%～90%的癌症，都是由环境中的致癌物质所引起的。这些化学物质一方面来自大自然，另一方面来自日益增多的人为污染源。这些污染源在一定的地质环境中富集，导致许多癌症的地区性高发现象。

据世界肿瘤流行学调查证明，癌症还有一个显著的特点，就是它和其他地方病一样，具有一定的区域性。癌症的这种分区性，揭示了癌症受致癌因素分区性的客观存在所影响。造成这种客观存在，可以说主要是由于各种不同的地质环境及其派生因素作用，导致水圈、生物圈以及大气圈里的各种化学元素含量分布极不均一，某些地区出现某些化学元素含量过高或过低，而且这些异常元素又通过食物链或呼吸进入人体，当这种异常值超过人体功能调节的许可范围时，就会使人体致病或致癌。

例如肝癌，从中国肝癌分布图上看出，其分区性正好与花岗岩类岩石的分区性极其类似，尤其表现在肝癌高发区与东南沿海一带的燕山期花岗岩类的分布区大体一致。

① 癌症

　　癌症是各种恶性肿瘤的统称，是由控制细胞生长增殖机制失常而引起的疾病。医学家指出癌症病因是机体在环境污染、电离辐射、化学污染、微生物及其代谢毒素、自由基毒素、内分泌失衡、遗传特性、免疫功能紊乱等各种致癌物质和致癌因素的作用下导致身体正常细胞发生癌变的结果。

▲ 空气污染也可导致癌症

② 地方病

　　地方病是指具有严格的地方性区域特点的一类疾病。这种病往往与地理环境中的物理、化学和生物因素密切相关，且主要发生于广大农村、山区、牧区等偏僻地区。中国各省、自治区、直辖市都存在不同的地方病案例。

③ 食物链

　　食物链即生态系统中贮存于有机物中的化学能在生态系统中的层层传导，简单地说，就是通过一系列吃与被吃的关系，将不同的生物紧密地联系起来，并组成生物之间以食物营养关系彼此联系起来的系列。

08 地质环境与农业

地质与农业关系密切，又能为农业服务。我们知道，农业受土壤、水和气候等条件的影响和制约，而土壤的成分、结构，又受其母体岩石种类、成分的影响和制约。因此，19世纪中期，欧洲地质学家法鲁和李希霍芬等提出了"农业地质"的概念。当时只在于解释土壤的形成，认为土壤的形成过程就是岩石、矿物的风化过程和地质循环过程，没有涉及农业问题。尽管如此，但却对土壤与岩石的关系，有了明确的认识，为现在农业地质研究奠定了基础。

早在2000多年前，中国劳动人民就总结了这方面的认识。《考

▲ 农业种植

工记·总序》中写道:"橘逾淮而北为枳……地气然也。"《晏子春秋》中也引用晏子的话:"……橘生淮南则为橘,生于淮北则为枳。叶徒相似,其实味不同,所以然者何?水土异也。" 6世纪《齐民要术》中也指出:"顺天时,量地利,则用力少而成功多。任情反性,劳而无获。"当然,这只是一些朴素的认识,是不能同今天的科学认识相比的。

❶ 土壤

土壤是指覆盖于地球陆地表面,具有肥力特征的、能够生长绿色植物的疏松物质层。它是由岩石风化而成的矿物质、动植物,微生物残体腐解产生的有机质、土壤生物、水分、空气,氧化的腐殖质等组成的。

❷ 《齐民要术》

《齐民要术》是北魏时期中国杰出农学家贾思勰所著的一部综合性农书,是中国现存的最完整的农书,也是世界农学史上最早的专著之一。《齐民要术》系统地总结了6世纪以前黄河中下游地区农牧业生产经验、食品的加工与贮藏、野生植物的利用等,对中国古代农学的发展产生了重大影响。

❸ 矿产资源

矿产资源是指通过地质成矿作用形成的有用矿物或有用元素的含量达到具有工业利用价值,呈固态、液体或气态赋存于地壳内的自然资源。按其特征和用途,通常可分为金属矿产、非金属矿产和能源矿产。

09 农业地质背景

农业环境从根本上来讲，是离不开地质环境的。从大的范围来说，如喜马拉雅造山运动，把喜马拉雅山脉抬高，造成南北两个截然不同的作物生长环境；从小的范围来说，四川盆地、汉中盆地、吐鲁番盆地等，由于其地质作用和地质环境的不同，它们的农业环境也不一样。今天的大平原也是由地质历史上的冲积、洪积等作用造成的，从"宜农"这个角度来说，它也有区别于山地、丘陵的显著特点。

在同一农业地质环境中，由于地质背景不同，农作物的生长条件也不一样，地质作用中各种元素的迁移、演化和在地球中的循环，直接影响着生物的生长和发育。人、动物和植物，都要直接或间接地从其所生存依赖的环境中摄取有益元素，这些元素的多寡决定着生物的生长与发育，然而这些元素，无不与地质作用（地质环境）有关。

据报道，美国农业之所以获得如此惊人的成就，其中主要原因是其在查明农业地质背景的基础上，科学地、合理地、有计划地对不同地层的土地充分开发利用，以发挥最佳经济效益。再如中国四川省，在对重要棉区的地质背景进行全面而深入的研究后，发现最适宜种棉的土壤是侏罗纪蓬莱组地层的土地。

❶ 丘陵

丘陵是指地势起伏不平，连接成大片的海拔高度在500米以下，相对起伏在200米以下的小山，它是世界五大陆地基本地形之一。中国自北向南主要有辽西丘陵、淮阳丘陵和江南丘陵等。

❷ 山地

山地是指坡度陡峭，起伏很大，沟谷幽深的海拔在500米以上，相对高差在200米以上的高地，多呈脉状分布。高原的高度虽然有时比山地大，但高度差异不似山地那么大，这一区别也是区分山地与丘陵的关键。

❸ 地层

地层是指在地壳发展过程中形成的各种成层和非成层岩石的总称，是地壳中具一定层位的一层或一组岩石。从时代上讲，地层有老有新，具有时间的概念；从岩性上讲，地层包括各种沉积岩、火山岩和变质岩。

▲ 平原

10 氡气灾害

▲ 岩石会产生氡气

一种环境灾害与地质灾害，已引起人们广泛的重视，这就是近年来才被科学家发现的氡气灾害。

地球上的放射性氡气主要来自地壳岩石圈中铀系、钍系和锕系矿岩衰变出的氡子体。高层次的宇宙射线由于受到大气层的阻隔，对地球表面影响不大，而地球岩石的低空辐射，主要衰变出三种氡气：氡222（222Rn）、氡220（220Rn）、氡210（210Rn）。它们的半衰时间分别是3.83天、55.6秒、3.96秒。对人类会构成伤害的花岗岩，主要是指其含衰变时间相对长的氡222（222Rn）。

氡气是由花岗岩等岩石中的铀衰变成的镭继续衰变而成的。而含铀矿物多赋存于花岗岩等不同类型的岩石、土壤和水中。在人们的生活环境中，氡气像幽灵一样游荡并危及人的生命。

氡本身及其部分衰变产品是辐射体。氡气在不知不觉中被吸入人体，破坏人体正常功能，破坏或改变DNA的分子，蓄积起来引发肺癌或其他恶性肿瘤致人死亡。据一些国家的资料表明，99%的室内氡气来自土壤或奠基的岩石，还有的来自井水、建筑材料。其浓度受室内外压力差、温度以及土壤孔隙等多因素的影响。

① 氡气

氡元素位于元素周期表第Ⅵ周期零族，为稀有气体元素，其化学性质不活泼。氡无色无味，溶于煤油、甲苯、水、血，易被脂肪、硅胶、橡胶、活性炭吸附，常温下氡在空气中能形成放射性气溶胶而污染空气，对人类健康有影响。

② 放射性物质

放射性物质是指那些能自然地向外辐射能量，发出射线的物质。一般都是原子质量很高的金属，像钍、铀等。放射性物质放出的射线有三种，分别是α射线、β射线和γ射线。

③ 宇宙射线

宇宙射线又称宇宙线，指的是来自于宇宙中的一种具有相当大能量的带电粒子流，它们可能会产生二次粒子穿透地球的大气层和表面。宇宙射线大致可以分为原生宇宙线和衍生宇宙线两类。

11 氡气的危害

氡是一种无色无味的惰性气体，广泛存在于我们周围的空气中。科学研究证实，氡及其子体是导致肺癌的第二位重要致病因素。国际放射防护委员会调查显示：有1/10的肺癌是氡及其子体所导致的。房间内的氡被吸入人体后能很快排出体外，而由氡衰变产生的子体却滞留在呼吸道黏膜上，并且释放出作用于黏膜的放射线，这种放射线是导致慢性肺癌的主要因素。

氡可以从建材中释放出来，所以靠近墙壁和地面处氡浓度较高。另外在烧天然气和石油气时，其中的氡也会全部释放到室内；用天然气取暖时，氡浓度就更高了，因而一般室内的氡浓度高于室外。

美国于1999年10月举行了氡浓度行动周活动，克林顿发表了关于氡的公开信，全国有1500家电视台和6000家广播电台参加了宣传活动，目的是把氡作为一个导致慢性肺癌的重要因素，提醒人们注意测试室内氡浓度并采取有效措施降低氡的危害。

美国现有1200多家测氡气公司，开展对各种建筑物的石材地面、墙面、天花板的放射性剂量进行测定的工作。中国对于氡气尚没有引起广泛重视，某些以花岗岩为基座或室内装饰的建筑材料超标严重。

▲ 燃烧天然气也会释放氡气

❶ 惰性气体

惰性气体又称稀有气体，是化学性质很稳定的一类元素。有的生产部门常用它们来做保护气；稀有气体通电时会发光，世界上第一盏霓虹灯是填充氖气制成的；利用稀有气体可以制成多种混合气体激光器；氦气可以代替氢气装在飞艇里，不会着火和发生爆炸。

❷ 建材

建材是土木工程和建筑工程中使用的材料的统称，可分为结构材料（木材、石材、竹材、混凝土、水泥、金属等）、装饰材料（油漆、涂料、镀层、瓷砖、贴面等）和某些专用材料（防水、防火、防潮、隔音、保温等）。

❸ 天然气

天然气是一种多组分的混合气态化石燃料，主要成分是烷烃，其中甲烷占绝大多数，另有少量的乙烷、丙烷和丁烷。天然气主要存在于气田气、油田气、泥火山气、煤层气和生物生成气中，也有少量出于煤层。天然气燃烧后无废渣、废水产生，相较煤炭、石油等能源有使用安全、热值高、洁净等优势。

12 地气是隐蔽杀手

在太阳系八大行星中，地球和类地行星（水星、金星、火星）都是由固体物质组成的星球，但地球内部也存在液体（岩石中的水分、岩浆等）和气体（水蒸气、硫化氢、二氧化碳、一氧化碳、甲烷等）。地球在它46亿年的历程中，每时每刻都在不停地排放着气体。这些气体对地球表面环境产生了不可估量的影响。

地气在流动和排放过程中，可给人类、动物和植物带来种种灾害。例如，岩浆运动可造成地壳变动和有害气体挥发；火山喷发时，喷出的硫化氢、一氧化碳以及其他毒气，对所有生物都会造成危害。

▲ 岩浆运动可挥发有害气体

煤层中的瓦斯气体，可在煤矿井下爆炸、燃烧，给煤矿工人造成生命威胁，给国家造成财产损失。天然气等可燃性地气会引起燃烧和爆炸，放射性氡气对人体产生危害等。

绝大多数地气是无色无味的，而且气体本身又具有很强的扩散和迁移性，因此，地气常常来无踪去无影，再加上地气灾害常常被地震、火山爆发这类地质灾害所掩盖，使地气灾害有极强的隐蔽性。当人们感觉到它存在时，已造成很大的危害了。这突出表现在火山毒气和放射性气体引起的灾害上。

① 太阳系

太阳系就是地球所在的恒星系统。它是太阳和所有受到太阳引力约束的天体的集合体，依照至太阳的距离，行星依次是水星、金星、地球、火星、木星、土星、天王星和海王星，其中6颗有天然的卫星环绕。

② 瓦斯气体

瓦斯并不是单一的某一种物质，而是一种主要成分为甲烷的易爆炸的气体。它无色、无味，难溶于水，不助燃也不能维持呼吸，达到一定浓度时，能使人因缺氧而窒息，并能发生燃烧或爆炸。

③ 水蒸气

水蒸气简称水汽，是水的气态形式。当水在沸点以下时，缓慢地蒸发成水蒸气；当水达到沸点时，就变成水蒸气；而在极低压环境下，冰会直接升华变成水蒸气。水蒸气是一种温室气体，可能会造成温室效应。

⑬ 地气与自然之谜

　　由于气体易于流动，对外界的压力很敏感，所以地气灾害常常发生在低气压天气，太阳和月球对地球引力最强的时候。每月新月和满月的时候，地气的排放危害是最大的。这一点，可以为判断一些不明原因的灾害事件是否是地气灾害提供一条证据。

　　强烈的地气灾害，往往需要一个聚集过程。前些时候，科学家们对喀麦隆杀人湖机制的研究，证实了这种过程的存在。

▲ 火山喷发会喷出有害气体

　　当前，人们已认识到一些地气灾害了，而且可以运用地气灾害理论解释许多自然现象中的不解之谜。例如，堪察加的死谷和喀麦隆的杀人湖长期以来困惑着人们，经过调查了解到，那飘在死谷和湖泊上空的蓝色气体，就是地气，是由火山喷出的毒气，其成分无非是硫化氢、一氧化碳，这些气体长期飘浮在低空中，人或牲畜一旦进入谷区和湖区，都会窒息而死。

另外，还有一些神秘的自然现象，例如百慕大海域的飞机、船舶失踪，经调查分析，可能是该海域海底浅层的天然气水化物所引起的。百慕大最大的一次飞机失踪事件发生在1945年12月5日，正是农历的初一，当时太阳和月亮对地球的引力最强，这种有毒的天然气水合物被引力激发，于是释放到空中，致使飞机失事。

❶ 低气压天气

气压跟天气有密切的关系。一般来说，地面上高气压的地区往往是晴天，地面上低气压的地区往往是阴雨天。如果某地区的气压低，该地区温度会降低，空气中的水汽将凝结，所以，低气压中心地区常常是阴雨天。

❷ 月球

生活中我们称月球为月亮，是环绕地球运行的一颗卫星。它是地球唯一的一颗天然卫星，也是离地球最近的天体。月球的年龄大约有46亿年，是人类至今第二个亲身到过的天体，也是被人们研究得最透彻的天体。

❸ 一氧化碳

一氧化碳是一种无色、无臭、无刺激性的气体，在水中的溶解度甚低，但易溶于氨水。一氧化碳具有毒性，进入人体之后会和血液中的血红蛋白结合，进而使血红蛋白不能与氧气结合，从而引起机体组织出现缺氧，导致人体窒息死亡。

14 地质灾害的分类

▲ 地缝

地质灾害是指在自然或者人为因素的作用下形成的，对人类生命财产、环境造成破坏和损失的地质现象。依据其成因而言，主要由自然变异导致的地质灾害称自然地质灾害，这类地质灾害是最常发生的，如地震、火山喷发、海啸等；主要由人为作用诱发的地质灾害则称人为地质灾害，从地质学角度来看，这种地质灾害大致可以分为以下三类。

由于过量开采地下水引起的人为地质灾害，主要表现为地面沉降和地裂缝。中国工业发展最早的城市——上海，在1921年已出现地面沉降，到1963年最大累计沉降量达到2.63米，影响范围达到400平方千米。经采取综合治理措施，如利用黄浦江的河水回灌地下等，市区地面沉降已基本得到控制。

由于地下采掘引起的人为地质灾害，主要表现为地面塌陷和山体崩滑。中国煤矿的地下开采，每开采万吨煤将平均造成3~3.7亩（1亩约为677平方米）土地塌陷。据统计，目前全国每年塌陷土地为10万~18万亩。

由地面物质移动引起的人为地质灾害，主要表现为滑坡、泥石流、土地沙化。据统计，从1949年至1990年中国重大滑坡、崩塌、泥石流灾害，共发生近1000起，死亡和伤残者数万，毁房近20万间，毁田近100万亩，直接经济损失达几十亿元以上。

❶ 地下水

地下水是指埋藏和运动于地面以下各种不同深度含水层中的水。地下水是水资源的重要组成部分，由于水质好、水量稳定，所以是农业灌溉、城市和工矿的重要水源之一。不过在一定的条件下，地下水的变化也会引起沼泽化、盐渍化、滑坡、地面沉降等不利自然现象。

❷ 地面沉降

地面沉降又称地面下沉或地陷。它是在人类工程经济活动影响下，地下松散地层固结压缩，导致地壳表面标高降低的一种工程地质现象。地面沉降有自然的地面沉降和人为的地面沉降，前者是由于自然不可抗因素引起的，后者则主要是大量抽取地下水所致。

❸ 地裂缝

地裂缝是地面裂缝的简称，是地表岩、土体在自然或人为因素作用下，产生开裂，并在地面形成一定长度和宽度的裂缝的一种地质现象。引起地裂缝的自然因素主要是构造活动，而人为因素则主要是过量开采承压水（地下水的一种）。

15 工程活动与地质环境

　　中国大型水利枢纽工程——黄河三门峡水库，由于修建前没有充分考虑黄河沙多水少的特点，建库以后，中下游地区的侵蚀搬运和沉积物的自然状态发生变化，带来一系列环境地质问题。水库加速淤积，黄河每立方米水中平均含泥沙37.6千克，平均每年通过三门峡的泥沙为4亿吨，筑坝蓄水后，泥沙大部分淤积，严重影响了水库的寿命。渭河入库地带淤高后，关中平原地下水位抬高了，大面积土地被淹没，并引起黄土湿陷，水库区岸边民井由于水位抬高产生塌陷，影响了灌溉取水。虽先后两次进行工程改建，增加了2个排沙洞和8个河床底孔，基本上解决了泄流排沙问题，但仍不能发挥其应有效益。可见，一旦人类工程经济活动破坏了天然平衡，要建立新的均衡，就要付出更大的代价。

　　从上述实例不难看出，人类工程经济活动已成为巨大的地质运营力，并且越来越广泛和深刻地参与地质环境的变化。有人估计，就其变化速度而言，人类工程经济活动有可能破坏以地质年代计程的地质作用，或者使相距很远的不同地质环境增大彼此之间的依赖关系。

❶ 耕地

　　耕地指种植农作物的土地，包括熟地，新开发、复垦、整理地，休闲地（含轮歇地、轮作地）。耕地是人类赖以生存的基本资源和条件，以种植农作物（含蔬菜）为主，间有零星果树、桑树或其他树木。进入21世纪，随着人口不断增多，耕地正逐渐减少。

❷ 三门峡

三门峡市位于河南省西部，是随着举世闻名的万里黄河第一坝——三门峡大坝的建设而崛起的一座新兴城市。三门峡大坝建成后，每年的10月至次年的6月库区蓄水时，黄河便在三门峡谷形成一个美丽的湖泊，面积约200平方千米。

❸ 黄河

黄河是世界第五长河，中国第二大河，全长约5464千米，流域面积约75.24万平方千米，发源于青海省的青藏高原，河道呈"几"字形，流经四川、青海、宁夏、甘肃、山西、内蒙古、河南、陕西及山东9个省区，最后流入渤海。

▲ 流水侵蚀

16 地质灾害的影响（一）

▲ 滑坡损害公路

　　地质灾害的种类多、分布面广、影响大，给农业生产、交通运输、城乡人民生活和资源开发带来了极为不利的影响。

　　中国是农业大国，地质灾害频繁发生，农业资源损失巨大。全国水土流失面积已达150万平方千米；有158万平方千米的土地存在着沙漠化的危险；河西走廊的沙漠区正以平均每年8米的速度向绿洲推进。频繁的崩塌、滑坡、泥石流、地面塌陷和地裂缝等灾害，也使土地遭受破坏，导致区域性生态环境的恶化，直接影响农业生产并诱发其他灾害。

交通建设投资大、周期长、维护费用大。在中国，70%的交通建设工程分布在山区和高原地区，这里是地质灾害的重灾区。特别是西南、西北地区，铁路和公路干线经常受到崩塌、滑坡、泥石流、塌陷等灾害侵袭而被迫中断。宝成铁路沿线有崩塌、滑坡900多处，泥石流沟155条。长江航道在中上游地段也经常受到地质灾害的危害，仅江津至西陵峡段，两段沿江斜坡范围内已发现崩塌、滑坡677处，严重威胁长江航运。有关部门为处理1982年长江鸡扒子滑坡造成的航道险滩，仅工程费就耗资8000多万元。

❶ 航道

航道指在内河、湖泊、港湾等水域，供船舶安全航行的通道，由可通航水域、助航设施和水域条件组成。按形成原因分为天然航道和人工航道；按使用性质分为专用航道和公用航道；按管理归属分为国家航道和地方航道。

❷ 绿洲

绿洲指沙漠中具有水草的绿地，是一种在大尺度荒漠背景基质上，以小尺度范围，但以具有相当规模的生物群落为基础，构成能够相对稳定维持的、具有明显小气候效应的异质生态景观。绿洲的土壤肥沃、灌溉条件便利，往往是干旱地区农牧业发达的地方。

❸ 生态环境

生态环境是指影响人类生存与发展的一切外界条件的总和，是关系社会和经济持续发展的复合生态系统。人类在其自身的生存和发展过程中，利用和改造自然而造成的自然环境的破坏和污染等危害人类生存的各种负反馈效应，统称为生态环境问题。

17 地质灾害的影响（二）

中国人口众多，近年来人口密集的城镇迅速发展，这些地区一旦发生地质灾害，破坏性极大，将造成人员的重大伤亡。据初步调查，目前中国有32.5%的地区和45%的大、中城市处在烈度为7度以上的高地震烈度区，全国至少有70个县城面临泥石流的威胁。四川省受崩塌、滑坡危害和威胁的城镇达120个，乡镇200多个。

经济建设对各种资源的需求量巨大，特别是矿产资源和地下水资源的开采巨大，直接形成对地质体的破坏，诱发各种地质灾害。矿区地质灾害的发生不仅严重阻碍资源开发，还会大量破坏矿山设施，造成人员伤亡。如湖南恩口煤矿采区已出现5800多个陷坑，毁坏农田近万亩和水库9座。除上述交通建设工程外，水库、输油输电线路及其他建筑物等受到地质灾害破坏的例子也很多。

▲ 地震危害人们生命财产安全

近年来中国地质灾害有

发展的趋势，次数明显增多，灾害所造成的损失日趋严重，各种灾害类型明显增加，分布面积不断扩大，由人类活动所直接或间接诱发的地质灾害越来越多。造成地质灾害日趋严重的原因是多方面的，但人类不按客观规律进行经济生产、生活而对地质环境的破坏，加剧了地质灾害的发生与发展。

❶ 烈度

烈度又称地震烈度，是地震发生时，在波及范围内一定地点地面振动的激烈程度。地面振动的强弱直接影响到人的感觉的强弱、房屋的损坏或破坏程度、器物反应的程度、地面景观的变化情况等。

❷ 泥石流

泥石流是指在山区或者其他沟谷深壑、地形险峻的地区，因为暴雨、暴雪或其他自然灾害引发的山体滑坡并携带有大量泥沙以及石块的特殊洪流。泥石流的主要危害是冲毁城镇、矿山、工厂、乡村，造成人畜伤亡，毁坏房屋及其他工程设施，破坏农作物、林木及耕地。

❸ 滑坡

滑坡是指斜坡上的土体或者岩体，受地下水活动、河流冲刷、地震及人工切坡等因素影响，在重力作用下，沿着一定的软弱面或者软弱带，整体地或者分散地顺坡向下滑动的自然现象。滑坡常常给工农业生产以及人民生命财产造成巨大损失，有时甚至造成毁灭性的灾难。

18 火山

地壳深处或上地幔天然形成的、富含挥发组分的高温黏稠的硅酸盐熔浆流体称为岩浆。它一旦从地壳薄弱的地段冲出地表，就形成了火山。火山由火山口、沿江通道和火山锥组成，是一个围绕着喷出口，由固体碎屑、熔岩、喷出物堆积而成的隆起的丘或山。

火山的形成包含了一系列的物理化学变化。在一定温度压力条件下，地壳上地幔部分岩石熔融并与母岩分离，通过孔隙或裂隙向上运移的熔融体，逐渐在一定部位富集而形成岩浆囊。岩浆囊的压力随着岩浆的不断补给而逐渐增大，当表层地壳覆盖层的强度不足以阻挡岩

▲ 火山口

浆继续向上运动时，岩浆就会通过薄弱带向地表上升。溶解在岩浆中的挥发分在这个上升过程中逐渐溶出并形成气泡，当气泡的体积超过总体积的75%时，气泡将冲破液体的禁锢，迅速释放出来，从而导致爆炸性喷发。如果岩浆中挥发分较少或黏着性数较低，岩浆便仅以宁静式溢流喷发。

火山按其活动情况可分为活火山、死火山和休眠火山；按其喷发类型可分为裂隙式喷发火山、熔透式喷发火山和中心式喷发火山；按火山锥的类型则可分为熔岩锥火山、碎屑锥火山和复合锥火山。

❶ 地幔

地壳下面厚度约2865千米的区域叫作地幔。它主要由致密的造岩物质构成，是地球的中间层，也是地球内部体积最大、质量最大的一层。地幔可分为上地幔和下地幔两层。地幔与地壳的分界面就是莫霍洛维奇不连续面，简称莫霍面。

❷ 火山喷发

火山喷发是一种奇特的地质现象，是地壳运动的一种表现形式，也是地球内部热能在地表的一种最强烈的显示。因岩浆性质、火山通道形状、地下岩浆库内压力等因素的影响，火山喷发的形式也有所不同。

❸ 富士山

富士山是世界上最大的活火山之一，地处日本静冈县和山梨县边缘。锯齿状的火山口边缘有"富士八峰"，即剑峰、白山岳、久须志岳、大日岳、伊豆岳、成就岳、驹岳和三岳。富士山属于富士火山带，这个火山带是从马里亚纳群岛起，经伊豆群岛、伊豆半岛到达本州北部的一条火山链。

19 世界上的火山

▲ 富士山

　　火山分布于世界各地，亚洲地区的堪察加、日本和印度尼西亚是陆地火山最集中的地方。堪察加有50多个火山口，其中一半以上是很活跃的。日本共有76座火山，其中50多座是活跃的，一般属于爆炸型。爪哇和苏门答腊有一条具有上百座火山的火山带，其中一半是活火山，最闻名的是克拉卡托山。

　　在南美洲，自墨西哥起，沿着各山脉大约有250座火山，一座接着一座，其中一半是活火山。墨西哥有两座火山特别著名，即波波卡特佩尔火山和帕里库廷火山。中美洲一带，近70座火山连成一线。智利则有60多座火山，其中近25座是活跃的，且大部分是爆炸型的。塞罗阿苏尔火山曾于1932年猛烈爆发，火山灰飘落到南非和新西兰。

欧洲和非洲有三条火山带，即经过非洲西部直到冰岛的中大西洋断层火山带、东非大裂谷火山带和从高加索延伸到法国的火山带。在第三条火山带上，有多姆山火山群，它们目前处于休眠状态，但随时都可能苏醒。

东非大裂谷沿线有一些著名的火山，如乞力马扎罗山、尼拉贡戈火山和埃尔塔——阿莱火山。阿留申群岛、新西兰和新赫布里底群岛也有相当数量的火山，且多半是活火山。

① 火山带

火山带是火山活动的地区，与地壳断裂带、新构造运动强烈带或板块构造边缘软弱带有关，常呈带状分布。中国境内约有660座火山，绝大多数是死火山，主要分布在环蒙古高原带、青藏高原带以及环太平洋带。

② 东非大裂谷

东非大裂谷是世界大陆上最大的断裂带。这是一条长度相当于地球周长1/6的大裂谷，景色壮观，气势宏伟，是世界上最大的裂谷带，被形容为"地球表皮上的一条大伤痕"。地质学家认为，约3000万年前，东非大裂谷是由于强烈的地壳断裂运动，同阿拉伯古陆块相分离的大陆漂移运动而形成的。

③ 活火山

活火山是指正在喷发和预期可能再次喷发的火山。那些曾经喷发过，但长期以来处于相对静止状态的火山，称为休眠火山，在将来可能再次喷发，于是也可以称为活火山。一般来说，只有活火山才会发生喷发。

20 火山灰及其危害

火山灰即细微的火山碎屑物，是指由火山喷发出而直径小于2毫米的碎石和矿物质粒子。在巨大压力作用下，呈熔融状态的地下岩浆由火山口喷出而形成岩浆雾，岩浆雾冷却凝固便形成了火山灰。火山灰常呈深灰、黄、白等色，在火山的固态及液态喷出物中，它的量最多、分布最广。

火山灰的下落会给人们的生命、财产带来巨大伤害。火山喷发时如遇台风或雨，火山灰会变得又湿又重，落到人口密集地区，就会导致房屋坍塌甚至人员伤亡。飘散在空中的火山灰能够钻入飞机发动机的零部件，导致各种各样的破坏。此外，尘埃会堵塞设备进而产生错误的读数，飞机会因此失速，飞行员可能无法获知当时的速度。火山灰还属于可吸入颗粒物，由于其直径在2微米以下，可深入到细支气管和肺泡，因此，如果其在环境空气中持续的时间很长，对人体健康和大气能见度都有很大影响。

1980年7月22日，位于美国华盛顿州的圣海伦斯火山再次大爆发，爆发后火山灰汇成一片海洋，使华盛顿州约4828千米公路陷于瘫痪。一周后，火山灰又飘落到西部海岸的海滨胜地。火山爆发造成的损失，按最保守的估计，为11亿美元。

▲ 火山灰

❶ 海滨

海滨是与海相邻的陆地，位于陆地与大海之间的前沿，它更正式的说法是潮汐中间的地带。水的运动形成了海滨的界线，海浪打击的最高点是海滨的上界，它的下界是由低潮的最底线形成的。

❷ 台风

台风是热带气旋的一个类别。热带气旋按照其强度的不同，依次可分为六个等级：热带低压、热带风暴、强热带风暴、台风、强台风和超强台风。西北太平洋地区是世界上台风活动最频繁的地区，每年登陆中国的就有六七个之多。

❸ 可吸入颗粒物

通常把粒径在10微米以下的颗粒物称为PM10，又称为可吸入颗粒物或飘尘。颗粒物的直径越小，进入呼吸道的部位越深。10微米直径的颗粒物通常沉积在上呼吸道，5微米直径的可进入呼吸道的深部，2微米以下的可深入到细支气管和肺泡。

21 火山活动影响气候

在火山灰升入高空的同时，也有大量火山气体，如二氧化碳、氮气及水汽等进入大气层，尤其是二氧化碳，含量高达10%以上。二氧化碳对太阳光虽无散射作用，但能阻止地表的热量散失，其结果将导致地球气温升高。对于这一点，最直接的证据就是金星。金星大气中二氧化碳含量达95%以上，因而其表面温度长期维持在465～485℃之间，使之成为太阳系中的一颗反常行星。

"温室效应"使地球气温升高，而"阳伞效应"却导致气温下降，那么，火山活动到底会使地球气候朝哪个方向异变呢？

从单纯的火山活动来看，"阳伞效应"的作用比较明显，频繁

▲ 火山活动会影响气候

的火山活动有可能导致地球进入一个冰期。火山活动的结果引起气候变冷，已为许多事实所证明。如20世纪初，克拉卡托火山和卡特迈火山的爆发，使太阳辐射量比正常值降低10%～20%，造成了全球大幅度降温，使太阳辐射量降低6%以上，仅北半球平均气温就下降了0.3℃，在个别地区还出现大幅度降温。

在漫长的地质历史上，地面上的气温下降，甚至达到冰期，与频繁的火山活动相吻合，足见火山活动是导致冰期到来的一个重要因素。

❶ 温室效应

温室效应是大气保温效应的俗称，又叫花房效应，太阳短波辐射能通过大气到达地面，而地表放出的长波热辐射却被大气所吸收，这使底层大气和地表温度增高，这与栽培农作物的温室作用类似，故称其为温室效应。随着温室效应的不断增强，全球气候变暖等一系列问题相继发生。

❷ 散射

散射是指由于传播介质的不均匀性引起的光线向四周射去的现象。其原理是分子或原子相互靠近时，由于双方具有很强的相互斥力，迫使它们在接触之前就偏离了原来的运动方向而分开。太阳辐射通过大气时遇到空气分子、云滴、尘粒等质点时，都会发生散射。

❸ 冰期

冰期又称冰川时期，是地球表面覆盖有大规模冰川的地质时期。全球性大幅度气温变冷，在中、高纬及高山区广泛形成大面积的冰盖和山岳冰川是冰期最重要的标志。地球历史上曾发生过多次冰期，最近一次是第四纪冰期。

22 火山喷发的预测

▲ 火山喷发后形成的湖

火山的爆发会造成大量的物质、人员损失，也会造成严重的环境破坏。然而，火山也具有一定的资源与景观价值。有火山的地方一般有地热资源；火山活动还可以形成多种矿产；火山喷发后期形成的喷泉等自然现象，为当地旅游业做出了巨大的贡献。了解并掌握如何对火山喷发进行预测，不仅可以尽量减少或避免伤亡，还能够更有效地利用火山这一资源。

火山喷发前往往会出现一些异常的征兆，其中一部分容易被察觉，称之为宏观前兆异常。主要包括：地光出现；地下发出噪声，有感地震和由地震而引起的其他震动；火山口有气体冒出或者气体冒出速度加快，火山口及周围地区可以闻到刺激性气味，一般是硫黄和硫化氢的味道；可见的地表变形标志；生物异常，包括植物褪色、枯死与小动物的行为异常及死亡等；水位、水温等异常变化，火山周围的水温会比平时高很多。还有一部分不易被人体或动物感官系统所察觉的变化，称为微观前兆异常。主要包括火山性地震活动，电磁变化，地下水水位、温度及化学成分变化，火山地表形变，地热变化，重力变化。

❶ 地光

地光也叫地震光，是指地震时人们用肉眼观察到的天空发光的现象。地光大多与地震同时出现，但也有在震前几小时和震后短时间内看到的。其颜色多种多样，有红、橙、黄、绿、蓝等，但以蓝色和红色较多，黄色次之。其形状也各不相同，有闪电状、片状、条带状、柱状、探照灯状、散射状和火球状等。

❷ 硫化氢

硫化氢又名氢硫酸，是硫的氢化物中最简单的一种。常温时硫化氢是一种无色、有臭鸡蛋气味的剧毒气体，溶于水、乙醇，其化学性质不稳定，加热条件下会分解，且易燃，与空气混合能形成爆炸性混合物。吸入硫化氢，会对黏膜有强烈的刺激作用，故应在通风处使用，且必须采取防护措施。

❸ 电磁场

电磁场是由相互依存的电磁和磁场的总和构成的一种物理场。电场随时间变化时产生磁场，磁场随时间变化时又产生电场，两者互为因果，形成电磁场。电磁场是电磁作用的媒递物，具有能量和动量，是物质存在的一种形式。

23 地震

　　地震是一种自然地质灾害。在地球上天天都有地震发生，而且一天要发生1万多次。全世界每年发生地震约500万次，其中大部分是人们不易察觉的小地震，人们能够感觉到的地震约5万次，占总数的1%。从地震的历史记录来看，强烈的破坏性的地震每年有十几次左右。

　　无破坏性的地震发生时，窗户玻璃受震会发出响声，屋内器皿会摇晃，甚至翻倒。强烈地震会使房屋倒塌，山崩地裂，河道堵塞，人们会听到像打雷一般的声响，并会感到地面强烈摇晃和上下颠簸，站立不稳。

　　地震除直接给人类带来灾害外，往往同时造成火灾或水灾。例如1925年3月16日，中国云南大理地震，全城被火烧毁。1927年5月23日，甘肃武威大地震，祁连山雪崩，同时杂木河因山崩而被阻塞，积水成湖，6月17日湖水决口成灾。

　　地震不仅发生在大陆上，在海洋底部往往也会发生，称为海震。海震发生时，因海底地层或岩石突然破裂，或发生相对位移，一方面带动覆盖其上的海水突然升降或水平位移，另一方面主要是由破裂处发生的地震波，像炮弹一般由地下轰击水底，从而导致水体剧烈震动和涌起，形成狂涛巨浪，以猛烈的力量冲向四周。这种由地震引起的海浪的剧烈运动现象称为海啸。

❶ 雪崩

雪崩是当山坡积雪内部的内聚力抗拒不了它所受到的重力拉引时，便向下滑动，引起大量雪体崩塌的自然现象。雪崩的同时还有可能引起山体滑坡、泥石流和山崩等可怕的自然灾害。如今，雪崩已被人们列为积雪山区的一种严重自然灾害。

❷ 地震震级

地震震级是划分震源放出的能量大小的等级，释放能量越大，地震震级也越高，是根据地震仪记录的地震波振幅来测定的，一般采用里氏震级标准。地震震级共分为9个等级，一般人对于小于2.5级的地震无感觉，5级以上的地震会造成破坏，7级以上就属于大地震。

❸ 海啸类型及危害

海啸主要分为四种类型，即由海底地震引起的地震海啸、火山爆发引起的火山海啸、海底滑坡引起的滑坡海啸和大气压引起的海啸。海啸波长很大，可以传播几千公里但能量损失很小。如果海啸到达岸边，"水墙"就会冲上陆地，对人的生命和财产造成严重威胁。

▲ 地震危害

24 地震的类型

科学家们按地震发生的原因，将地震分为三类：由地面塌陷和山崩引起的陷落地震；由火山活动引起的火山地震；由地壳运动引起的构造地震。由于人工爆破、水库蓄水、深井注水等引起的人为地震，不属自然地震之列。

陷落地震多发生在石灰岩区域。由于石灰岩易被地下水溶蚀，形成地下洞穴，随着洞穴扩大，洞顶逐渐失去支持能力，以致发生陷落，引起地表震动。这类地震为数很少，约占地震总数的3%，其影响范围很小。此外，在高山区，悬崖崩落也可造成地震，但规模很小。

火山活动引起的地震，其特点是局限于火山活动带，影响范围一般不大。这类地震也为数不多，约占总数的7%。现代火山活动带的地震多属此类地震。如1959年11月中旬夏威夷基劳埃火山爆发，在其爆发前几个月

▲ 悬崖崩落也可造成地震

内曾发生了一连串的地震，都是岩浆运动引起的。

由地壳运动引起的构造地震，是地球上规模最大、数目最多的一类。其特点是活动频繁，延续时间长，影响范围广，破坏性最强，造成的灾害也最大。世界上大多数地震和最大的地震均属此类，约占地震总数的90%。这类地震与地壳的构造有密切关系，常分布在活动断裂带及其附近。

① 石灰岩

石灰岩简称灰岩，是以方解石为主要成分的碳酸盐岩。有灰、灰白、灰黑、黄、浅红、褐红等色，硬度一般不大，与稀盐酸反应剧烈。石灰岩是地壳中分布最广的矿产之一，主要在浅海的环境下形成。石灰岩在冶金、化工、建材、建筑、轻工、农业及其他特殊工业部门都是重要的工业原料。

② 溶洞

溶洞的形成是石灰岩地区地下水长期溶蚀的结果。由于石灰岩层各部分含石灰质的量不同，被侵蚀的程度不同，逐渐被溶解分割成互不相依、千姿百态、陡峭秀丽的山峰和奇异景观的溶洞。中国闻名于世的溶洞有桂林溶洞、北京石花洞等。

③ 断裂带

断裂带又称断层带，是由主断层面及其两侧破碎岩块以及若干次级断层或破裂面组成的地带。断层带的宽度以及带内岩石的破碎程度，取决于断层的规模、活动历史、活动方式和力学性质。断裂带的活动是引起地震的主要原因之一。

25 地震诱发的地质灾害

地震诱发的地质灾害，不仅分布广、类型多、危害大，同时具有明显的区域性。在地震诱发的地质灾害中，以崩塌、泥石流、水质恶化、矿井涌水、河流改道等最常见且严重。

斜坡重力破坏是山区地震诱发的严重地质灾害。中国西南山地，山高陡峻，冲沟发育，岩层破碎，风化强烈，大面积斜坡重力破坏是震区的主要破坏形式。东部冲积平原和滨海平原，广泛分布有巨厚的第四纪沉积层，大面积地基失效及其相伴生的各种地面破坏是震区的主要破坏形式。地裂缝则是地震造成地面破坏的主要形式之一。特别是产生在极震区、与发震构造有成因联系的地裂缝规模大，危害严

▲ 地震裂缝

重。

在地震诱发的地质灾害中，井水干枯、水质恶化、泉水断流、矿井涌水量剧增等灾害是不可忽视的。海城地震后，在临近震中的分水岭地区，由于水文地质结构遭受破坏，出现了井水枯干、泉水断流现象，形成了长35千米、宽5～10千米、波及4个乡的缺水区。与此相反，唐山地震后，地处震中的开滦煤矿矿井涌水量骤然增加，加之电源中断，无法排水，水位迅速上升，导致矿井被淹。

❶ 水质

水质是水体质量的简称，它标志着水体的物理、化学和生物的特性及其组成的状况。为保护、评价水体质量，一系列水质标准和参数被制定，如工业用水和生活饮用水等水质标准。

❷ 地震湖

地震湖是因地震而形成的湖泊，其震后效应尤为深远，具有一定的旅游价值。一般可分为三类：由于地震引起山崩堵塞湖道、河道成湖；由于地震引起溶洞等暗藏洞穴塌陷后蓄水成湖；由于地震时地面形变或断层相对错动，局部地区地势下降较多，形成洼地蓄水成湖。

❸ 山崩

山崩是山坡上的岩石和土壤瞬间滑落的现象。山崩包括坠落、倾覆、滚动、滑动、流动和不易察觉的潜移。地震、其他地壳运动、风和霜冻造成的风化、垦荒以及强烈的采矿造成的土壤和植被的破坏都有可能造成山崩。

26 地震监测和预报

▲ 地震仪

地震的破坏居各种自然灾害之首。中国地处世界两大地震带，即环太平洋地震带和欧亚地震带包围之中，地震多发而且灾害严重。

地震监测预报是防震减灾工作的基础。地震监测主要指对地震及其前兆进行观测，及时准确地提供连续、可靠、完整的观测资料，提出分析判断意见，从而对破坏性地震发生的时间、地点、震级及影响进行预测。

地震和刮风下雨一样，都是可以预测的。因为在发生地震以前，大地会发生宏观和微观的变化，人们对这些变化进行监测，就可以进行地震预报了。微观现象是人感觉不到的，但用仪器可以测量和记录的现象，例如地壳形变、地应力异常、地倾斜，以及海平面、地下水化学成分、地温、地磁、地电、地震波传播速度的变化等。宏观现象是人可以感觉到的异常现象，例如人们凭眼睛、耳朵、鼻子感觉到的变异、动植物习性的变化、天气反常、地下水位变化、地声、地光等。地震工作者必须定时观察受监区内的种种变化，并记录下来，综合分析，整理出变化规律，进行预测。

❶ 地应力

地应力是存在于地壳中的未受工程扰动的天然应力，包括由地热、重力、地球自转速度变化及其他因素产生的应力。地质力学认为，地壳内的应力活动是使地壳克服阻力、不断运动发展的原因。地壳各处发生的一切形变，如褶皱、断裂等都是地应力作用的结果。

❷ 海平面

海平面是海的平均高度，指在某一时刻假设没有波浪、潮汐、海涌或其他扰动因素引起的海面波动，海洋所能保持的水平面。冰川的消融、海底地势构造的改变、大地水准面的变动都影响并控制着海平面的情况。

❸ 地磁

地磁又称地球磁场和地磁场，是地球具有磁性的现象，指地球周围空间分布的磁场，它的磁南极（S）大致指向地理北极附近，磁北极（N）大致指向地理南极附近。地磁场类似磁铁棒，但与电磁棒磁性成因不同，地磁场的成因主要是电流。

27 应对地震方法（一）

对于容易发生地震的地区来说，做好震前的准备是非常必要的。

将需要准备的物品放在背包里，并且应存放在家庭成员都容易找到的地方。这些必需品包括手电筒及电池、蜡烛、火柴或打火机、便携式收音机、不易坏的食物、衣服、加厚棉手套、防水油布、笔和记事本、急救包以及饮用水。存折、护照、现金等物品应放在容易找到的地方。

不要将物品放在门口、过道和楼梯；不要将沉重或者易碎物品放到高处；保证家具安全以及电视机、计算机等重物遇到地震的时候不易滑落；如果有东西需要放在高处，下面的物品要防滑，以确保其不易滑落；电器用完后要拔掉插头；要使用带自动关闭的燃气灶和热水器，因为这类东西地震的时候会自动关闭；如果住在平房，要时常检查房顶的瓦是否松动；如果家里用的是液化气，用链子拴上储气罐；要保证阳台或者走廊上的花盆等物体不要滑落。

牢记避难场所，并事先明确回家的路线是很重要的，否则遇到紧急情况回家就很困难了。

1 手电筒

手电筒是一种手持式电子照明工具。一个正规的手电筒有一个经由电池供电的灯泡和聚焦反射镜，并有供手持用的手把式外壳。移动照明工具经历过无数的变革，出现过火把、油灯、蜡烛等。19世纪末，爱迪生发明了电灯，从此改写了人类照明的历史。

▲ 要保证阳台花盆不要滑落

❷ 爱迪生

托马斯·阿尔瓦·爱迪生是美国著名的发明家、企业家，被传媒授予"门洛帕克的奇才"的称号，拥有众多重要的发明专利，被誉为"世界发明大王"。他除了在留声机、电灯、电报、电影、电话等方面有发明和贡献以外，在矿业、建筑业、化工等领域也有不少著名的创造和真知灼见。

❸ 液化气

液化气又称液化石油气，是炼厂气、天然气中的轻质烃类。在常温、常压下呈气体状态，在加压和降温的条件下，可凝成液体状态，它的主要成分是丙烷和丁烷。液化气是一种新型燃料，还可用于切割金属、农产品的烘烤和工业窑炉的焙烧等。

28 应对地震方法(二)

在震中区,从地震发生到房屋倒塌,一般只有十几秒钟的时间,往往令人猝不及防,这便是地震灾害最大的特点。所产生的人员伤亡主要是由建筑物倒塌造成的,因此,地震发生时如何保护自己是防止受伤害的关键。

当地震发生时,要保持头脑清醒,轻微振动,不必外逃,振动强烈时可酌情采用个人应急避险与防护措施。

▲ 地震时,住在高楼的人要远离外墙、门窗

住在平房内的人,应充分利用时间,头顶枕头、沙发靠垫等能保护头部的物品,跑至屋外空旷宽敞地。来不及跑时可迅速躲在桌、床等坚固家具旁或紧挨墙根蹲在地上,保护头、胸等要害部位,闭目,用毛巾或衣物捂住口鼻,以隔挡呛人的灰尘。

住在高层楼房内的人,要迅速远离外墙、门窗和阳台,选择厨房、卫生间、楼梯间等开间小而不易倒塌的空间避震，也可以躲在墙根、墙角、坚固家具旁避震。地震时不能使用电梯，不要从楼上往下跑，避免拥挤造成伤害，更不可盲目跳楼。

正在用火时，应随手关掉煤气或电开关，然后迅速躲避。

室外的人要避开高大建筑物、立交桥等，用双手护住头部，防止被玻璃碎片、屋檐、装饰物砸伤，迅速跑到空旷场地蹲下，尽量远离高压线及化学、煤气等有毒工厂或设施。

❶ 地震仪

记录地震波的仪器称为地震仪，它能客观而及时地将地面的震动记录下来。由地震仪记录下来的震动是一条具有不同起伏幅度的曲线，这条曲线即地震谱。曲线起伏幅度与地震振幅相应，它标志着地震的强烈程度。

❷ 现代地震仪类型

现在，我们在地震研究中使用的地震仪主要有三种：短周期地震仪，一般用于研究初次震动和二次震动；长周期地震仪，用来测量跟随在地壳初次震动和二次震动后的较缓慢的移动；超长型或宽波段地震仪，是具有最长摆锤摆动周期的地震仪。

❸ 煤气

煤气是以煤为原料制取的气体燃料或气体原料，是一种洁净的能源，又是合成化工的重要原料。根据加工方法、煤气性质和用途分为水煤气、混合煤气、空气煤气、焦炉煤气、高炉煤气。

29 应对地震方法（三）

山区地震易引发塌方或滚石，地震时应迅速离开陡峭山坡，以免受伤害。地震发生时，正在公共场所，如车站、影剧院、商店、教室、地铁等场所的人，要保持镇静，就地选择桌、凳、架等有支撑物的地方躲避。

一次地震后往往有多次余震发生，余震也可能造成很大的伤害和损失。因此，震后不要急于回屋，应快速到指定的应急避难场所。

被塌落重物压住身体时，不要轻举妄动，以免造成更大的伤害。要查清压在身上的物体是何物，并检查自己是否受伤，若没有受伤，应根据情况向外缓慢拽拉身体；若受严重外伤，应尽力用衣服等物包扎好伤口；若发生骨折，不要轻易移动，应等待救援。

震后被废墟埋压时，应挪开脸前、胸前的杂物，清除口鼻的灰尘，尽量挣脱手脚，小心清除压在身上的物体，用可移动的物品支撑身体上面的重物，以免倒塌，用毛巾、手帕等捂住口鼻，尽量朝有光亮或宽敞的地方移动，当听到外面有声响时应进行呼救，若无法脱险，应保存体力，等待救援。

无论在何种情况下，正确的避难姿势非常重要，应采取护头、蹲位的姿势。

❶ 汶川地震

汶川地震发生于2008年5月12日14时28分，震中位于中国四川省阿坝藏族羌族自治州汶川县境内、四川省省会成都市西北偏西方向90千米处。根据中国地震局的数据，此次地震震级为里氏8.0级，矩震级7.9级，破坏地区超过10万平方千米。

❷ 余震

余震是在主震之后接连发生的小地震，通常在地球内部发生主震的同一地方发生，其强度一般都比主震小。余震好比人说话的回声，虽然能量不及前面的地震，但威力叠加起来，也会造成极大的危害。

❸ 雅安地震

2013年4月20日8时2分，四川省雅安市芦山县发生7.0级地震及多次余震，多地震感强烈，震源深度13千米，累计造成38.3万人受灾。这次地震处于龙门山断裂带最南端，有地下水报告异常。

▲ 重物压身时不要乱动等待救援

30 滑坡的危害

▲ 山体滑坡

　　滑坡又叫地滑，就是指滑动了的山坡，确切地说，就是大量的岩体和土体在重力作用下，沿一定的滑动面作整体下滑的现象。滑坡是自然界中常见的灾害之一，它像地震、火山、泥石流等自然灾害一样，给人民的生命财产和国家建设事业带来了极大的危害。

　　为了更好地认识和治理滑坡，人们对滑坡进行了分类。分类的方法众多，如按滑坡体积划分，可分为小型滑坡、中型滑坡、大型滑坡和特大型滑坡；按滑动速度划分，可分为蠕动性滑坡、慢速滑坡、中速滑坡和高速滑坡；按滑坡的年代划分，可分为新滑坡、古滑坡、老滑坡和正在发展中滑坡；按力学条件划分，可分为牵引式滑坡和推动式滑坡；按结构划分，可分为层状结构滑坡、块状结构滑坡和块裂状结构滑坡。

滑坡常常给工农业生产以及人民生命财产安全带来巨大损失。位于城镇的滑坡会砸埋房屋、毁坏田地、伤亡人畜等，还会造成停电、停水、停工。而滑坡对于乡村的危害则主要是摧毁农田、毁坏森林、伤害人畜等。工矿区发生滑坡，可摧毁矿山设施、毁坏厂房、使矿山停工停产等。滑坡严重时，会演变成毁灭性的灾害。

❶ 重力

重力是地球表面附近物体所受到的地球引力，单位是牛。重力是万有引力的一个分力，其方向不一定指向地心，但总是竖直向下，生活中我们称物体所受重力的大小为物重。

❷ 森林

森林有"人类文化的摇篮""绿色宝库"等美称，是指树木密集生长的区域。这些植被覆盖了全球大部分的面积，是构成地球生物圈的一个重要方面，其结构复杂，并具有丰富的物种和多种多样的功能。森林除提供木材、食物、药材等资源，还有改善空气质量、涵养水源、缓解"热岛效应"等作用。

❸ 中国甘肃滑坡

1983年3月7日，中国甘肃省东乡族自治区的洒勒山南坡，突然发出一声巨响，1700米宽的巨大山体迅速向山坡下滑泻，数千万立方米的黄土砂石，以每秒30米的速度扑向山脚。顷刻之间，方圆3千米的新庄、若顺、达浪和洒勒4个村庄，全部被掩埋。

31 滑坡发生的内因

▲ **易发生滑坡的地质构造结构面**

滑坡发生的内在因素是指地质基础——地层的岩性、斜坡的结构、构造情况，以及其在外界因素作用下发生的变化。

组成斜坡的地层具有不同的岩性。有的斜坡由坚硬的岩石组成，有的斜坡由较软的岩石组成，有的斜坡则由土体组成。由于地层的岩性不同，它们的抗剪强度各不相同，发生滑坡的可能性也就不同。通过调查得知，所有滑坡都发生在以下岩性的斜坡上：黏性土、黄土、类黄土和各种成因的松散及松软沉积物；砂岩、页岩和泥岩的互层地层；煤系地层；其他软岩层和软硬相间的地层。人们称这些地层为易滑地层。

滑坡的第二个内在因素是地质构造环境。地质构造对滑坡有多方面的影响：一是断裂破碎带为滑坡提供了物质来源；二是各种地质构造结构面，如层面、断层面、节理面等；三是控制了山体斜坡地下水的分布和运动规律，如含水层的数目、地下水的补给和排泄等，都由地质构造条件所决定；四是斜坡的内部结构，包括不同土石层的相互组合情况，岩中断层、裂隙的特征及其与斜坡方位的相互关系等，与滑坡的发生有密切关系。

① 节理

节理是地壳上部岩石中广泛发育的一种断裂构造，是由构造运动将岩体切割成具有一定几何形状的岩块的裂隙系统，也是岩体中未发生位移的破裂面。按其成因可分为原生节理、构造节理以及非构造节理。节理通常在受到风化作用后易于识别。

② 含水层

含水层是充满地下水的层状透水岩石层，是地下水储存和运动的场所。富有裂隙的岩石、透水性良好的空隙大的岩石、粗沙、卵石、疏松的沉积物以及岩溶发育的岩石都可作为含水层。当一个地区干旱需要打井取水的时候，就需要寻找含水层。

③ 断层

断层是岩体受力作用断裂后，两侧岩块沿断裂面发生显著位移的断裂构造。可按断层的位移性质分为上盘相对下降的正断层、上盘相对上升的逆断层以及两盘沿断层走向作相对水平运动的平移断层。大的断层常常形成裂谷和陡崖，如中国华山北坡大断崖和东非大裂谷等。

32 滑坡发生的外因

降雨、融雪和地下水位变化是产生滑坡的最主要外因。降雨和融雪的作用，一是渗透水进入土体孔隙或岩石裂缝，使土石的抗剪强度降低；二是渗透水补给地下水，使地下水位升高或地下水压增加，对岩土体产生浮托作用，土体软化、饱和，结果也造成土石抗剪强度的降低。所以，降雨和融雪一般对滑坡可起到诱发作用。

除降雨、融雪和地下水位的变化能够触发滑坡外，地面上的溪沟、江河、湖泊和海洋中的水流，对滑坡也有重要影响。它们不断地冲刷和切割岸坡，使岸坡增高变陡，内部的软弱面暴露出来。洪水时期，河水水位上涨，河水反而补给地下水，当洪水下降后，地下水位变化慢，出现水力坡度，斜坡内就会形成很大的动水压力。所有这些作用都使斜坡的稳定性降低，从而导致滑坡发生。

地震也是诱发滑坡的重要因素之一，地震使斜坡土石结构遭到破坏。地震产生的裂缝和断崖，助长了以后降雨或融雪的渗透，所以，地震以后常因降雨、融雪而发生滑坡或山崩。这种情况比地震发生时所触发的滑坡或山崩还要多。

此外，人为因素对滑坡的影响也越来越突出。随着人类工程、经济活动的不断增加，有时因兴建土木工程或其他工程施工而引起滑坡。

▲ 断崖易发生滑坡

① 降水

大气中的水汽以各种形式降落到地面的过程，就叫作降水。一般形成降水要符合如下条件：一是要有充足的水汽；二是要使气体能抬升并冷却凝结；三是要有较多的凝结核，即空气中的悬浮颗粒。

② 土木工程

土木工程既指所应用的材料、设备和所进行的勘测、设计、施工、保养维修等技术活动，也指建造在地上或地下、陆上或水中，直接或间接为人类生产、生活、科研、军事服务的各种工程设施，是建造各类工程设施的科学技术的统称。

③ 新疆滑坡事件

2011年6月8日9时53分，新疆托克逊县发生5.3级地震。此次地震导致吐乌大高速公路小草湖收费站5千米处有巨石从山坡滚下，巨石砸中一辆小轿车后引起17辆车发生连环追尾事故，事故造成多人重伤。

33 防治滑坡（一）

防治滑坡的方法，归结起来可以分为三类：一是消除或减轻地表水和地下水对滑坡的诱导作用；二是改变滑坡外形，增加滑坡的抗滑力；三是改变滑坡带土石性质，阻滞滑坡体的滑动。

为了实施各种防治方法，必须重视对滑坡的调查研究，弄清楚滑坡的规模、类型，引起滑坡的原因，对于治理措施必须进行技术经济比较，有针对性地选择方法，对症下药，综合治理。

1982年7月17日，长江三峡中的瞿塘峡上游70千米，在云阳县城附近的长江北岸发生了宝塔滑坡。滑坡范围为0.77平方千米，土石方量达1500万立方米。顷刻间损坏耕地775亩（1亩约等于667平方米），房

▲ 修复滑坡道路

屋1730多间，滑坡前缘有百万立方米的土石滑入长江，造成了长江鸡扒子航道的巨大险滩。为了清除长江航道中的滑坡堆积物，必须弄清楚滑坡的性质和特征。如果是牵引式滑坡，将不能用简单的方法清除江中的滑体；如果是推移式滑坡，就可以采用爆破方法对险滩进行处理。全国的专家对滑坡进行了调查研究，认为该滑坡属推移式滑坡，而非牵引式，加上滑坡体经过滑动后，重心已由上部20°～30°倾角的滑面位置滑至倾角10°左右的位置，滑面倾角比较平缓，在水下爆破不会导致滑坡的继续滑动。实践证实，这一判断是正确的。

❶ 护坡

护坡是指为了防止边坡受冲刷或滑坡，在坡面上所做的各种铺砌和栽植的统称。依护坡的功能可将其分为两种：抗风化及抗冲刷的坡面保护，如喷凝土护坡、格框植生护坡等；提供抗滑力之挡土护坡，如砌石挡土墙、蛇笼挡土墙等。

❷ 爆破

爆破是利用炸药爆破瞬时释放的能量，破坏其周围的介质，达到开挖、填筑、拆除或取料等特定目标的技术手段。其在军事上主要用于克服障碍物、破坏军事目标等，在工程施工方面主要用于改造地形、挖掘坑道等，也可以对指定目标进行清除、破坏，如废弃的大楼、桥梁等。

❸ 险滩

险滩是受不利河床边界影响，形成急弯、暗礁、险恶水流等航行危险的河段。河水中水流湍急、航道狭窄、礁石密布的地区都属于险滩。险滩地区多发滑坡事件，可以使用爆破的方法将其清除，但炸滩后，可能因为上游水面降低而出现新险滩。

34 防治滑坡（二）

对于滑坡，有关部门积累了不少经验，其中有些经验是用人民的生命和财产换来的。针对不同类型的滑坡，有着不同的治理方法，例如地表排水、地下排水、打防震孔或采取微差爆破，并在此基础上进行抗滑桩或锚固处理。经过这样的综合治理，效果会比较理想。

地球各地发生的滑坡，90%以上都与地表水和地下水有关。水对滑坡的影响主要作用表现在对滑坡坡脚的冲刷、滑坡体内渗透压的增大、滑面（滑带）土的软化和溶蚀分解等。为了排除水对滑坡的作用或使其作用减到最低程度，必须采用截排水工程。常用的截排水工程有：在滑坡体外围挖截排水沟，把易于吸水、渗透力强的松散滑坡体夯实，挖排水盲沟，打排水钻孔，打排水洞，灌浆阻水等。

在滑坡治理工程中，有一种简单易行的工程，这就是减重。在主滑体部分剥去一些土石体，能减少滑体的下滑力，从而增加滑坡体的稳定性。千万不能在滑坡体的前缘减重，否则反而会加剧滑坡的变形。此外，坡面防护工程、土质改良工程、支挡工程等，也是治理滑坡经常采用的有效措施。

❶ 压力

压力有多重含义。在物理上，是指垂直作用于流体或固体界面单位面积上的力。界面可以是流体内部任意划分的分离面，也可以是流体与固体之间的接触面。从心理学角度看，压力是心理压力源和心理压力反应共同构成的一种认知和行为体验过程。

❷ 排水

排水是排除与处理多余水量的措施，可分为地表排水和地下排水。排除农田多余的地下水和地表水，控制地下水位，防治土地沼泽化和盐碱化，为改善农业生产条件和保证高产、稳产创造良好的条件。

❸ 土壤盐渍化

土壤盐渍化是指土壤底层或地下水的盐分随毛管水上升到地表，水分蒸发后，盐分积累在表层土壤中的过程。改良盐渍土是一项复杂、难度大、需时长的工作，应视各国、各地的具体情况制定措施。

▲ 清理公路滑坡

35 泥石流

大雨之后，山坡和沟谷中的泥土、石块会在山洪的推挤下，以不可阻挡之势，向着低洼地带咆哮而去，一泄数里或数十里，它毫不留情地摧毁公路、铁路、桥梁和房屋，在它经过的地方，留下一片滚石和黄澄澄的泥土，呈现一片荒凉的景象，这就是泥石流的危害。

泥石流是产生在沟谷中或斜坡面上的一种饱含大量泥沙、石块和巨砾的特殊山洪，是高浓度的固体和液体的混合颗粒流，是各种自然因素和人为因素综合作用的结果。

泥石流是介于水流和土石体滑动之间的运动现象。泥沙含量很少的泥石流，与一般的山洪差不多，甚至难于区分；而泥沙含量很多的泥石流，又与土石滑体非常相似，没有截然的界限。当固体物质含量低、黏度小时，流体显现不规则的紊流状态；当固体物质含量高、黏性大时，流体近似塑性体，呈现有规则的层流状态。泥石流流体很不稳定，流体性质不仅随固体物质性质、补给量与水体补给量的增减而变化，而且在运动过程中，又随着时间地点的改变而改变。

1 洼地

洼地是指一般规模较小的地表局部低而平的地方，或位于海平面以下的内陆低地。洼地因排水不良，中心部分常积水成湖泊、沼泽或盐沼。洼地还可以以盆地的形式呈现，这种洼地一般位于新生代的凹陷带上，因处于内陆地区，所以干燥剥蚀作用很强。

▲ 泥石流

② 水文

水文是指自然界中水的变化、运动等各种现象。水文现今又可指研究自然界水的时空分布、变化规律的一门边缘学科。生活中其实常会出现这个词，如水文站、水利部水文局、水文工作等。

③ 层流

层流是流体的一种流动状态，又称滞流，是流体在管内流动时，其质点沿着与管轴平行的方向作平滑直线运动。常见的层流有轴承润滑膜中的流动、毛细管或多孔介质中的流动、绕流物体表面边界层中的流动等。

36 泥石流的形成条件（一）

泥石流的形成受多种自然因素的影响，丰富的松散固体物质来源、有利的地形地貌条件、充足的水源和适当的激发因素是形成泥石流的三大基本条件。

泥石流是含有大量固体物质的洪流，因此，储存松散固体物质的场地，就成为泥石流的发源地。松散的固体物质首先来源于地质构造活动，如地壳发生断裂，岩石破碎，为泥石流提供了丰富的松散固体物质来源。中国青藏高原东部断裂带、西昌安宁河大断裂、云南东川小江断裂、甘肃武都白龙江断裂等地段，全都广泛地发育泥石流。泥

▲ **易发生泥石流的地区**

石流沟群常常集中分布在一些深、大断裂构造及其附近地段。

强烈地震也是泥石流固体物质快速、大量聚积的重要因素。地震活动显著地降低了岩层的强度，破坏了山体的稳定性，使山体开裂以至发生崩塌和滑坡等块体运动，直接增加了泥石流的固体物质来源。地震还常使暂时停歇的泥石流复活。

重力作用形成的山坡块体运动，如滑坡、崩塌、错落等现象对泥石流固体物质的集聚起到了重要作用。第四纪的各种松散堆积物，最容易直接受到侵蚀冲刷，形成泥石流的源地。

❶ 水源

水源是水的来源和存在形式地域的总称，是地球表面生物体生存不可替代的资源。水源主要存在于海洋、河湖、冰川雪山等区域，它们通过大气运动等形式得到更新。各大高寒山脉和星系对应的天文潮汛落点都是地球水系的发源网点。

❷ 地质

地质是指地球的性质和特征，主要是指地球的物质组成、构造、结构、发育历史等，包括地球的圈层分异、化学性质、物理性质、矿物成分、岩石性质、岩体和岩层的产出状态、接触关系，地球的生物进化史、构造发育史、气候变迁史，以及矿产资源的赋存状况和分布规律等。

❸ 甘肃泥石流事件

2010年8月7日23时左右，甘肃省舟曲县发生强降雨，不久，泥石流冲进县城，并截断河流形成堰塞湖。舟曲县位于峡谷之中，总人口4万多人，加上周边人口总共有5万多人。此次灾害，共造成127人遇难，1294人失踪。

37 泥石流的形成条件（二）

陡峻的地形，高差很大的地势，都是泥石流经常发生的地方。中国大多数泥石流都发生在高原边缘、具有高差很大特征的陡峻坡面以及沟谷之中。沟谷地形是泥石流的集散地，是固体物质积零成整的储备区。沟谷中的松散物质，在山洪的激发下，冲向下游，以"零存整取"的形式暴发泥石流，使人猝不及防，酿成灾害。

水是激发泥石流的重要条件，又是泥石流的组成部分和搬运介

▲ 水是激发泥石流的重要条件

质。泥石流的水源有暴雨、冰雪融水、挡水建筑物溃决等不同的形式。特大暴雨是促使泥石流暴发的主要动力条件。处于停歇期的泥石流沟，在特大暴雨的激发下，甚至有重新复活的可能性。

连续降雨后的暴雨，是触发泥石流的又一重要动力条件。由于前期降雨使坡土体和破碎岩层含水饱和，强度降低，松散储备物质更不稳定，在继发的暴雨径流冲

击下，很容易形成泥石流。

人类活动的不良影响，主要是破坏了自然的平衡条件，增加松散固体物质的补给量或水量。山区公路、铁路的修建，日益频繁的生产活动，有时会破坏山体的稳定性，增加泥石流的物质来源，促使泥石流的发生和发展。

❶ 地势

地势是指地表形态起伏的高低与险峻的态势。中国地貌形态大势表现为西高东低，呈阶梯状分布。荷兰是世界上地势最低的国家，位于欧洲西部，西、北两面濒临北海，其国土总面积的27%低于海平面，1/4的土地海拔不足一米。

❷ 沟谷

沟谷是地球表面的一种狭窄洼地。它是由暂时性线状流水侵蚀而形成的，小的长十余米，大的可达数十千米。除流水冲刷外，跌水、涡流和重力崩塌等，在沟谷发育过程中，都起着重要作用。按沟谷的大小和发育形态可将其分为细沟、切沟、冲沟和坳沟。

❸ 岩层

岩层是覆盖在原始地壳上的层层叠叠的岩体。地质历史上某一时代形成的一套岩层则称为那个时代的地层。根据划分依据的不同，可把组成地壳的岩层划分为不同类型的地层，即岩性地层、生物地层和年代地层。

38 泥石流的防治（一）

泥石流的防治措施有生物措施和工程措施。工程措施是指跨越、穿过、防护、排导和拦挡等工程设施。

跨越工程指修建桥梁、涵洞并使其从泥石流上方凌空跨越，让泥石流在其下方排泄。桥涵跨越是通过泥石流地区的主要工程形式。

穿过工程指修建隧道、明洞使其从泥石流下方穿过，让泥石流在其上方排泄，这是通过泥石流地区的又一种主要工程形式。

防护工程是对泥石流地区的桥梁、隧道、路基，泥石流集中的山区、变迁型河流的沿河线路或其他重要工程设施，做一定的防护建筑物，用以抵御或消除泥石流对主体建筑物的冲刷、冲击、侵蚀和淤埋等危害。防护工程主要有护坡、挡墙、顺坝和丁坝等。

排导工程的作用是改善泥石流流势，增大桥梁等建筑物的泄洪能力，使泥石流按设计意图顺利排泄。泥石流排导工程包括导流堤、急流槽和束流堤三种类型。

拦挡工程是用以控制组成泥石流的固体物质和雨洪径流，削弱泥石流的流量、下泄总量和能量，减少泥石流对下游经济建设工程冲刷、撞击和淤积等危害的工程设施。拦挡工程包括拦渣坝、储淤场、支挡工程、截洪工程等。

▲ 防治泥石流跨越工程

① 涵洞

涵洞的作用与桥相似，不过一般孔径较小，形状有管形、箱形及拱形等，是公路或铁路与沟渠相交的地方使水从路下流过的通道。涵洞通常由洞身、洞口建筑两大部分组成。按其形式可分为圆管涵、拱涵、盖板涵以及箱涵。

② 隧道

隧道是最常运用的一种地下通道，通常用来穿山越岭，若施做于地面下称作地下隧道。世界上最长的双洞单向公路隧道是秦岭终南山公路隧道，它北起西安市长安区青岔，南至商洛市所辖的柞水县营盘镇，全长18.02千米，人们驱车15分钟便可穿越秦岭这一中国南北分界线。

③ 路基

路基是用土或石料按照路线位置和一定技术要求修筑的作为路面基础的带状构造物。它是整个公路构造的重要组成部分，受着本身的岩土自重和路面重力，以及由路面传递而来的行车荷载。因此，路基的质量，决定了公路的好坏。

39 泥石流的防治（二）

▲ 泥石流预震地声仪

泥石流的防治措施有生物措施和工程措施。生物措施主要指植树造林和种草、育草等。治理泥石流不能只是片面地使用生物措施或工程措施，而是要采用多种措施进行综合治理。

治理泥石流的主要方法就是生物措施。生物措施包括恢复植被和合理耕牧。植被对治理泥石流可以起巨大的作用。需要育林的地区，一般是坡高大于25度的陡坡。植树造林，成功地恢复植被，需要克服多种不利的自然因素，还要正确地解决好林、牧、薪之间的矛盾。

实行泥石流的全流域综合治理。按照泥石流的基本性质，采用多种工程措施和生物措施相结合，上、中、下游统一规划，山、水、林、田综合整治，以制止泥石流形成或控制泥石流危害。这是大规模、长时期、多方面协调一致的统一行动。综合治理措施包括三个方面，即稳、拦、排。稳：主要是在泥石流形成区植树造林，涵养水分；拦：在沟谷中修建挡坝，拦截泥石流下泄的固体物质；排：修建排导建筑物。

❶ 植树造林

植树造林是新造或更新森林的生产活动，是培育森林的一个基本环节。种植面积较大而且将来能形成森林和森林环境的，则称为造林；如果面积很小，将来不能形成森林和森林环境的，则称为植树。

❷ 薪材

薪材是在林业调查中直立主干长度小于2米或径阶小于8的林木。在木材生产和销售中，把经济材和薪材统称为商品材。它一般是作为燃料或木炭原料的木材材种。

❸ 植被

植被就是覆盖地表的植物群落的总称。根据植被生长环境的不同可将其分为草原植被、高山植被、海岛植被等。受光照、雨量和温度等环境因素的影响，不同的地区会形成不同的植被。植被有净化空气、涵养水源、保持水土等作用。

40 滑坡、泥石流应对措施

▲ 滑坡和泥石流易在山区发生

滑坡与泥石流的灾害特征相似，多是在山区且夏季暴雨期间发生。灾害发生时，最好能够避开。因此，无论是居住还是旅游，都应避开坡道或沟壑，并密切关注天气预报。然而，如果无法避开，切记不可慌乱，否则不利于逃生，应仔细观察滑坡或泥石流的走向。

当遇到滑坡时，不要顺坡跑，而应向两侧逃离。当遇到高速滑坡无法逃离时，不要慌乱，如滑坡呈整体滑动，可原地不动或抱住大树等物。

当遇到泥石流时，同样要向泥石流前进方向的两侧山坡跑，切记不可顺着泥石流沟向上游或下游跑，更不要停留在凹坡处。同时，要注意避开河道弯曲的凹岸或地方狭小且低的凹岸，不要躲在陡峻山体下，防止坡面泥石流或崩塌的发生。

灾害发生时，有许多人因收拾财物而被困或丧生，这种爱财不要命的做法是不可取的。由于滑坡区交通不便，救援困难，泥石流过后大多是阴冷的天气，在有可能的情况下，逃出时多带些衣服和食物是必要的。

❶ 天气预报

天气预报就是应用大气变化的规律，根据当前及近期的天气形势，对未来一定时期内的天气状况进行预测。按时效的长短通常分为三种：短期天气预报、中期天气预报、长期天气预报。但由于天气现象的多变、监测技术的局限，三天以上的天气预报并不能达到很高的准确性。

❷ 应对泥石流常识

有时泥石流会间歇发生，所以刚发生过泥石流的地区并不安全，如果正驾车穿越刚发生泥石流的地区，一定要当心路上的杂物，最好绕道找一条安全的路线。作为旅游者乘汽车或火车遇到泥石流时，应果断弃车而逃，躲在车上容易被掩埋在车厢里窒息而死。

❸ 凹岸

凹岸是河流弯曲河段岸线内凹的河岸。相对应的岸线外凸的一边就叫作凸岸。位于河流沿岸的城市，应将码头建在凹岸处，因为凹岸处水深，泥沙淤泥少，但也要注意流水对河岸的冲蚀。

41 地面沉降

地面沉降又称地面下沉或地陷，指在人类工程经济活动影响下，地下松散地层固结压缩，导致地壳表面标高降低的一种局部的下降运动，是地层形变的一种形式。地面沉降可分为：构造沉降，由地壳沉降运动引起的地面下沉现象；抽水沉降，过量抽汲地下水或油、气，引起水位或油、气压下降，导致半固结或欠固结土层分布地区因土层固结压密而造成大面积地面下沉的现象；采空沉降，大面积采空地下，引起顶板岩（土）体下沉而造成的地面呈碟状洼地的现象。

据报道，上海市1921年发现地面下沉现象，到1965年止，最大的累计沉降量已达2.63米，影响范围达400平方千米。有关部门采取综合治理措施后，市区地面沉降已基本上得到控制。上海市从1966年至1987年的22年间，累计沉降量36.7毫米，年平均沉降量为1.7毫米。

截至2011年12月，中国有50多个城市出现了地面沉降，华北平原、长三角地区和汾渭盆地已成重灾区。地面沉降问题已得到人们的关注，2012年，中国首都地面沉降防治规划获得国务院批复。

❶ 盆地

盆地为四周高、中间低的盆状地形，其四周可为山地或高原。可根据盆地的地球海陆环境将其分为大陆盆地和海洋盆地两大类型。按其成因可将盆地划分为两类：一种是由于地壳构造运动而形成的，称为构造盆地；另一种是由于冰川、风、流水和岩溶侵蚀而形成的，称为侵蚀盆地。

② 北京地面沉降严重

自从20世纪70年代以来，北京的地下水位平均每年下降1～2米，最严重的地区水位下降可达3～5米。地下水位的持续下降导致地面沉降，有的地区沉降量达590毫米，沉降总面积超过600平方千米。

③ 美国地面沉降现状

美国已经有遍及45个州超过4.403万平方千米的土地受到了地面沉降的影响，最强烈的地面沉降发生于美国长滩市威尔明顿油田，其最大累积沉降量达9米。造成这一灾害的主要原因是含水层的压实、有机质土壤的疏干排水、地下采矿、自然压实、溶坑以及永冻土的解冻等。

▲ 城市地面沉降

42 地面沉降的危害

▲ 地面沉降威胁铁路安全

地面沉降的发生不仅会破坏事物，导致经济上的巨大损失，还会诱发一系列地质灾害，造成人员伤亡。

地面沉降的发生会毁坏建筑物和生产设施，并且不利于事业的建设和资源的开发。沉降所导致的地裂缝严重危害到城乡安全与经济发展，如西安市地裂缝穿过91座工程、41个村寨、40所学校等，破坏60处道路、132栋楼房，其中20栋全部或部分拆除、8处文物古迹受损。

地面沉降接近海面时，就会引发海水倒灌，导致土壤和地下水盐碱化。滨海地区的浅层地下水位变浅，水质恶化，从而引起一系列环境问题。地面沉降若发生在河流发育的区域，会导致河床下沉、河道防洪能力下降，严重影响引水工程的安全和航运等经济活动的进展。

城市中的地面沉降会破坏城市管网、给水供气管道，导致管道闭塞或漏水漏气，严重影响居民正常的生产、生活，并对生命和财产安全造成巨大隐患。而铁路路基的不均匀下沉，使铁路安全受到威胁的同时，还妨碍交通的正常建设和运营。

在某些油田、油气管道发达的地区，如中国黑龙江省的大庆市，地面沉降的发生，轻则降低管线使用寿命，并影响工程工作，重则引起大范围的爆炸。

❶ 土壤盐碱化

土壤盐碱化又称土壤盐渍化或土壤盐化，是指土壤含盐太高而使农作物低产或不能生长的现象。土壤中盐分的主要来源是风化产物和含盐的地下水，灌溉水含盐和施用生理碱性肥料也可使土壤中盐分增加。土壤盐碱化后，会导致土壤溶液的渗透压增大，土体通气性、透水性变差，养分有效性降低。

❷ 油井

油井是为开采石油，按油田开发规划的布井系统所钻的孔眼，是石油由井底上升到井口的通道。一般油井在钻达油层后，下入油层套管，并在套管与井壁间的环形空间注入油井水泥，以维护井壁和封闭油、气、水层，后按油田开发的要求用射孔枪射开油层，形成通道。

❸ 爆炸

爆炸是在极短时间内，释放出大量能量，产生高温，并放出大量气体，在周围介质中造成高压的化学反应或状态变化。一般的爆炸是由火而引发的。如果将两个或两个以上互相排斥、不兼容的化学物质组合在一起，形成第三化学材料，也会引起小型或大型爆炸。

43 地面沉降的成因

地面沉降有自然的地面沉降和人为的地面沉降，所以引起地面沉降的因素也有自然和人为的两类。

从地质因素来看，自然的地面沉降一种是地表松散或半松散的沉积层在重力的作用下，由松散到细密的成岩过程；另一种是海平面上升以及地质构造运动、地震等引起的地面沉降。例如，有水上都市之称的意大利威尼斯市，所处海域的海平面正以每年1.27毫米的速度上升，因此所引起的地面相对下沉约占该地区年平均沉降量的40%。

虽然自然界许多因素都可引起地面沉降，但地面沉降的主要原因还是人为的。以下人类的行为都是引起地面沉降的直接或间接原因：地面上的人为振动作用（机动车辆、大型机械、爆破等引起的地面振动）在一定条件下可引起土体的压密变形；过量开采地下液体或气体，导致沉积层的孔隙压力降低，有效应力相应增大，从而引起地层的压密；在建筑工程中对地基的处理不当；沿海软土地区大规模开发，超密集建筑群的出现，加上各种隧道的建设使土体的工程扰动现象非常严重；软土地区由于大面积堆载，在堆载荷重的作用下可形成地区性的地面沉降。

❶ 沉积岩

沉积岩是组成地球岩石圈的主要三种岩石之一。它是暴露在地壳表层的岩石在地球发展过程中遭受各种外力的破坏，破坏产物在原地或者经过搬运沉积下来，再经过复杂的成岩作用而形成的岩石，其中所含有的矿产占全世界矿产蕴藏量的80%。

▲ 超密集建筑群也容易造成地面沉降

❷ 威尼斯

威尼斯位于意大利东北部，是亚得里亚海威尼斯湾西北岸的重要港口，由118个小岛组成，并以401座桥梁、177条水道连成一体，故有桥城、水上城市的称号。它是世界著名的历史文化名城，其建筑、雕塑、绘画以及歌剧等，在世界上都有着相当重要的地位和影响。

❸ 孔隙压力

孔隙压力是通过土壤或岩石中的孔隙水而传递的压力，故又称孔隙水压力或中性压力，其值等于孔隙水压力和孔隙气压力两者之和。孔隙压力可以诱发近地表砂层的滑坡，导致柔软沉积物出现各种滑塌构造，甚至促进大规模的冲断作用。

44 地面沉降的防治（一）

地面沉降的监测可以采取三种方法：传统的监测方法，包括基岩标及分层标测量、水准测量，这些方法只适用于较小范围内的监测工作，但具有很高的精度；GPS监测，对于大规模的区域沉降监测应采用先进的全球定位系统来进行全方位的测量，有助于人造地球卫星进行三边测量定位；合成孔径干涉雷达监测，它是一种卫星遥感技术，对于地面沉降的变化有较敏感的反应。

拥有了监测技术，就可以进一步对地面沉降进行治理和预防。

为了防止地面沉降，将土地使用类型进行转变，由农业用地向城市用地过渡，降低需水强度，防止地下水位的持续下降，从而防止地面沉降的

▲ 雷达天线

发生，使地基更加稳定。

　　为了改善水质和满足供水的要求，含水层存储和修复技术得以广泛应用。引入地表水，以减少地下水的汲取量，并适当采用回灌措施及通过建立蓄水坝等方式，增加河水对径流区地下水的补给，有效地防止了地下水位的进一步下降，从而缓解了地面沉降。

❶ GPS

　　GPS是全球定位系统的简称，1964年投入使用。GPS如今已广泛应用于生活、生产中，如它的定位功能，可应用于汽车防盗、地面车辆跟踪等；导航功能，可应用于船舶远洋导航、进港引水及导弹制导等领域；测量功能，主要用于测量时间、测量速度及大地测绘。

❷ 人造地球卫星

　　人造地球卫星简称人造卫星，是指环绕地球飞行并在空间轨道运行一圈以上的无人航天器。它是发射数量最多、发展速度最快并且用途最广的航天器。按其在轨道上的功能可分为观测站、中继站、基准站和轨道武器四类。

❸ 回灌技术

　　工程中的回灌是指补充在进行井点降水时所流失的地下水。回灌技术是通过回灌井点向周围土层中灌入足量的水，使降水井点的影响半径小于回灌井点的范围，从而使区域地下水位保持不变，土层压力维持平衡状态，这样便可以防止降水井点对周围建筑的影响。

45 地面沉降的防治（二）

　　节水是防治地面沉降的又一重要措施。采用先进和合理的地下水运输方法，对地下水使用的远景进行规划，如此利用含水层组贮藏和运输地下水，要比造价高昂的地表水蓄水和输水系统好得多。

　　在沿海城市，应进行海岸加固，建设堤坝防治洪水泛滥及海水入侵，这样既保护了沿海城市人们的财产和生命安全，同时也保护了淡水资源，从另一个方面达到了减少地下水汲取量的目的。

　　防治地面沉降的方法众多，但要保证顺利执行，并达到其预期的效果，就需要建立相应的法规予以保护。例如，形成一个专门的水资源管理机构来管理某一区域的用水，使地表水和地下水都能得到长期有效的综合利用。在防治地面沉降方面，同样也可以采取法制措施，如1980年通过的《亚利桑那地下水管理法案》，是以加强对已衰竭含水层组的管理，把有限的地下水资源进行最合理的分配，并开发新的水资源供应来增加亚利桑那的地下水资源为基本目标的。

① 旱季

　　旱季与雨季相对，是指在一定气候影响下，某一地区每年少雨干旱的一个月或几个月。水资源稀少的地区，每逢旱季常会造成生产、生活紧张，甚至造成饮水困难。由于旱季多高温天气，一些致病微生物生长繁殖较快，如果不注意清洁卫生，很容易发生胃肠道疾病。

▲ 建设堤坝防治地面沉降

❷ 海水入侵

　　海水入侵是源于人为超量开采地下水造成水动力平衡的破坏。海水入侵使土壤盐渍化，灌溉地下水水质变咸，导致水田面积减少，农田保浇面积减少，旱田面积增加，荒地面积增加。中国海水入侵最严重的是山东、辽宁两省。

❸ 淡水资源

　　含盐量小于0.5克／升的水，属于淡水。地球上淡水总量的68.7%都是以冰川的形态出现的，并且分布在难以利用的高山和南、北极地区，还有部分埋藏于深层地下的淡水，很难被开发、利用，所以我们要节约用水。

46 塌方时自救措施

无论遇到何种灾害都不要惊慌，应冷静选择自救方法。当遇到塌方时，我们应做到如下几点。

如果不幸被埋在废墟当中，身边如果有水，一定要多喝水以保持喉咙的湿润。被埋入废墟时，如果还有可活动的空间，应尽量寻找可靠支撑物，例如依然竖立的承重墙、未破损的桌子等。无论何时都要有强烈的求生欲望，并务必配合救援人员的行动。

当建筑物完全坍塌时，一般来说，生还机会十分渺茫，但若是局部塌方，如懂得应对方法，仍能自救。

第一，敏锐观察，望风而逃。在灾害性天气来临前以及附近有

▲ 地面沉降威胁铁路安全

潜在危险因素时，应特别注意附近建筑物是否有土石松动迹象或是否有可疑的响动，一旦发现异样，应以最快的速度逃离险境。第二，坍塌发生后，用手机和外界联络。建筑物的坍塌不会阻碍手机信号，使用手机求救能使营救人员尽快找到你。第三，保持冷静，不要乱动，应保存体力，等待救援。人在安静的状态下，能量消耗慢，可以积攒体力，还能减少氧气的消耗。第四，发生塌方时，尽可能携带水源，钻到桌子、床等支撑物下躲藏，用毛巾蘸水捂住口、鼻，同时闭上眼睛，以便逃过塌方时的致命打击。

❶ 承重墙

承重墙指支撑着上部楼层重量的墙体。承重墙形成了整个房屋的结构骨架，就像人体的骨骼，对于整个房屋，是决定安全的重要部分，故房屋装修或改造时，不可毁坏承重墙。

❷ 卡路里

卡路里简称卡，由英文Calorie音译而来，它是一个能量单位，常常将其与食品联系在一起，但实际上它们适用于含有能量的任何东西。1卡路里的能量或热量可将1克水的温度升高1℃。

❸ 塌方的致命打击

塌方的致命打击有四种：一是被坍塌物直接砸中脑部和胸腹等重要脏器而当场丧命；二是塌方而造成的开放性骨折、内出血等损伤，伤者被掩埋得不到及时医治而导致的死亡；三是房屋坍塌会产生一个"灰尘期"，这些灰尘一旦堵塞呼吸道，将导致人窒息；四是塌方后引起的其他灾害。

47 土地冻融

土地冻融是指土层由于温度降到0℃以下和升至0℃以上而产生冻结和融化的一种物理地质作用和现象。

冻土是指温度在0℃以下，含有冰的岩（土）层。有些土层的温度很低，但没有冰的存在则不能称为冻土，只能叫低温寒土。冻土一般分为两层，上层为夏融冬冻的活动层，下层才是常年不化的永冻层。活动层在夏季融化后称为季融层，而在冬季再冻结后称为季冻层。高山高原地区，以及处在大陆性气候条件下的高纬度极地或亚极地地区，温度低，降水量极少，由于缺少冰雪覆盖，土层直接暴露于地表，其中热量不断散失，从而引起地温逐步下降，于是在土层下部形成了多年不化的冻结层。

中国土地多属于季节性冻土类型，即冬季冻结，夏季消融，多年冻土类型少。冻融灾害在中国冬季气温低于0℃的北方各省区均有发育，但以青藏高原、天山、阿尔泰山、祁连山等高海拔地区和东北北部高纬度地区最为严重。

① 极地

极地位于地球南北两端，纬度在66.5°以上，为长年被白雪覆盖的地方。昼夜长短会随四季的变化而改变是极地最大的特点。由于终年气温非常低，所以在极地区域几乎没有植物生长。

② 高原

　　高原是海拔高度一般在1000米以上，面积广大，地形开阔，周边以明显的陡坡为界，比较完整的大面积隆起的地区。它是在长期连续的大面积的地壳抬升运动中形成的。世界最高的高原是中国的青藏高原。

③ 大陆性气候

　　大陆性气候是地球上一种最基本的气候型，通常指处于中纬度大陆腹地的气候，也就是指温带大陆性气候。其最显著的特征是气温年较差或气温日较差很大，在气温的年变化中，北半球最暖月和最冷月分别出现在7月和1月，南半球分别在1月和7月。

▲ 冻土

48 土地冻融的危害

▲ 冻融会造成土地荒漠化

　　土地冻融是地质灾害的种类之一，会产生一系列的灾害作用，从而给人民生活和生产建设造成威胁。

　　季节性冻土区最主要的灾害作用是冻胀和融沉，土层结冻会使体积膨胀，而融化又使土层变软产生沉陷，甚至出现土石翻浆，于是便形成了冻胀和融沉作用。它常造成地面下沉、建筑物基础破坏、房屋开裂、道路路基变形等。

　　在中国西南、西北等高海拔地区极常见冻融滑塌和冻融泥流。冻融使土体的平衡状态发生改变。当这种作用发生在斜坡地区时，便会产生滑坡、崩塌；而在土层融化成为液态时，则形成泥流。它会给工程建设带来很大的危害，严重的会造成人身伤亡。

常见于广大的季节性冻土地区的冻融灾害则是冻融塌陷。强烈的土层冻融会使地表下沉而导致塌陷，常造成大量的路基破坏和工程建筑物损坏等严重事件。

土地冻融普遍会形成冻融侵蚀，即土体和岩体因反复冻融作用而破碎并发生移动引起的侵蚀。可见，土地冻融的危害性是不可小觑的，特别是在中国的高海拔、高纬度地区已经成为一种灾害，应当采取适当的措施加以整治和防御。

① 膨胀

膨胀是当物体受热时，其中粒子的运动速度就会加快，因此占据了额外空间的现象。无论固体、气体、液体都能出现膨胀现象，膨胀却有好有坏，例如，温度计的使用就是利用液体膨胀的原理，而铁轨之间的缝隙则是为了使铁轨不被膨胀所破坏。

② 冻融荒漠化

冻融荒漠化是在气候变异或人为活动的作用下，导致高海拔地区多年的冻土发生退化，季节融化层的厚度增加，强化了地表沿途的冻土地质地貌过程，造成植被衰退、土壤退化、地表裸露化和破碎化的土地退化过程。

③ 纬度

表征纬线在地球上方位的量便是纬度（指某点与地球球心的连线和地球赤道面所成的线面角），其数值在0°～90°之间，赤道以北的点的纬度称北纬，以南的点的纬度称南纬。

49 冻融的防治

要想做好冻融的防治工作，首先要做好勘察工作。应着重查明冰丘、冰锥的分布范围，地形，地貌，地表植被及水文地质情况等；易发生冻胀，地下冰的范围及建筑物地基上层岩性；建筑修建后，人为因素对其的影响及可能发生滑坍和泥流的区域及其岩性。从而依据勘察结果，对可能发生冻融的地区及冻融可能造成的危害进行预测，并拟定合理的工程措施进行防治。

针对冻融灾害的防治措施主要有选择法、绕避法、防水排水法、保温法、积冰沟法。

选择法：选择地质条件较好、冻融时土的工程性质变化较小的地段来布置建筑物。绕避法：各类建筑物应尽可能从不良地质现象的地段上方通过或避开不良的地质现象地段。防水排水法：防止地下水渗入或侵入各类建筑物或路基的下部及其界限，以防诱发冻害。保温法：利用保温的方法，使季节冻结线提高到地下水位以下，从而地下水不会形成冰锥、冰丘等有害现象。积冰沟法：其是开挖大断面的天沟、侧沟、明渠，起到拦截储存功能，以达到防止冰丘、冰锥侵袭建筑物目的的一种综合治理方式。

❶ 冰丘

冰丘是指冰原上由冰构成的山丘。冻胀丘简称冰堆丘。由于冬季季节融化层由上而下和由下而上冻结，随冻结面向下发展，冻结层上水的压力将大于上覆土层强度，地表发生隆起，便形成冻胀丘。

▲ 海拔高的地区易发生土地冻融

❷ 冰锥

冰锥是在多年冻土地区分布非常普遍的一种形状和大小变化都很大的银光闪闪的冰体。冬季融化层回冻，地下水压力增大，溢出地表，溢水边流边冻，且沿着原地下水流路线延伸，于是就形成了冰锥。

❸ 明渠

渠道通常指水渠、沟渠，是水流的通道，具有自由表面水流的渠道叫作明渠。渠道按形成原因可分为天然河道和人工渠道；按断面形状可分为矩形渠道、梯形渠道、圆形渠道、"U"形渠道。

50 荒漠化仍在发展

　　繁茂葱郁的森林，也许有一天也会变成荒漠；一望无垠的草原，也有可能被沙丘取代。据估算，世界30%灌溉耕地、47%的雨养耕地和73%的牧场已经荒漠化。荒漠化是指处于干旱和半干旱气候的原来非沙漠地区，由于自然因素和人类活动的影响而引起生态系统的破坏，出现类似沙漠环境的变化过程。

　　根据UNEP数据资料，过去几十年间，非洲36个国家面临旱地土地荒漠化。全球范围内，旱地面积约5100万平方千米，占全球总面积的40%，荒漠化影响了70%的旱地，即3600万平方千米或世界1/4的土地受到了荒漠化的影响，上亿人赖以生存和生活的资源受到了严重影响。

▲ 荒漠戈壁

根据1998年国家林业局防治荒漠化办公室等政府部门发表的材料指出，中国是世界上荒漠化严重的国家之一。全国戈壁、沙漠和沙化土地普查及荒漠化调研结果显示，中国荒漠化土地面积为262.2万平方千米，占国土面积的27.4%，近4亿人口受到荒漠化的影响。至今土地沙化和荒漠化仍在发展，这一局面导致中国的土地资源不断被侵蚀的形势十分严峻，而且有愈演愈烈的趋势。

❶ UNEP

UNEP是联合国环境规划署的英文简称，是联合国统筹全世界环保工作的组织。1972年12月15日，联合国大会作出建立环境规划署的决议，1973年1月，联合国环境规划署正式成立。它是一个业务性的辅助机构，每年通过联合国经济和社会理事会向大会报告其所有活动。

❷ 戈壁

戈壁源于蒙古语，有沙漠、砾石荒漠、干旱的地方等意思。戈壁是荒漠的一种类型，是地势起伏平缓、地面覆盖大片砾石的荒漠，其多数地区并不是沙漠而是裸岩。戈壁沙漠是世界上巨大的荒漠与半荒漠地区之一。

❸ 生态系统

生态系统指生物群落与无机环境构成的统一整体，其范围可大可小。其中，无机环境是一个生态系统的基础，它直接影响着生态系统的形态；生物群落则反作用于无机环境，它既适应环境，又改变着周围的环境。

51 荒漠化的成因（一）

　　荒漠化现象可能是自然的，也可能是受人类活动影响而形成的。对于自然现象的荒漠化，其主要诱发因素是气候。赤道地区属于副热带高压带，该地带除了亚欧大陆东岸季风气候区外，其他地区的气候均干燥、少雨，于是成为主要的沙漠分布区，而地球干燥带的移动所产生的气候变化又导致局部地区的荒漠化。

　　近百年来，全球气候变化的趋势是温度显著升高。据研究，中国北方地区最低气温显著升高，暖冬年份连续出现，近100年来有明显的干旱趋势。气候变暖导致河流水量减少、湖泊萎缩、地下水位下降等，植物因缺水而大面积死亡。土地失去了植被的保护，荒漠化的进程便不断加速。

　　人类不合理的生产活动往往是造成荒漠化更主要的原因。人口的飞速增长和经济的迅猛发展，使土地承受的压力越来越大，过度放牧、农垦和樵采，以及对水资源不合理的利用等，无一不促使着本来富饶、葱郁的土地逐渐退化，植被被毁，使其调节气候的能力丧失，气候日益干燥，最终良田变成沙漠。

 过度放牧

❶ 荒漠

　　荒漠是一种在干旱气候条件下形成的植被稀疏的地理景观。我们所熟知的荒漠形式有戈壁和沙漠，不过还有一种特殊的荒漠形式，即山地荒漠。其主要包括中国青藏高原的高原荒漠，天山山脉向平原延伸的山地丘陵地带，伊朗高原和葱岭地区等。

❷ 赤道带

　　赤道带位于北纬10°～18°和南纬0°～8°之间，是全年气温高、风力微弱、蒸发旺盛的地带。赤道区域海洋的赤道洋流引起海水垂直交换，使下层营养盐类上升，生物养料比较丰富，鱼类较多。飞鱼为赤道带典型鱼类。

❸ 亚欧大陆

　　欧洲大陆和亚洲大陆是连在一起的，所以合称为欧亚大陆，又称亚欧大陆。从板块构造学说来看，亚欧大陆由亚欧板块、印度板块、阿拉伯板块和东西伯利亚所在的北美板块所组成。

52 荒漠化的成因（二）

▲ 森林和水源减少会导致荒漠化

干旱或半干旱地区，由于原有草地和林地被开垦为耕地后，农闲期间土壤就失去了植被的保护，于是就造成耕地沙化面积不断扩大。中国荒漠化相对集中的西部地区，曾经也有大量的草地和林地，然而这些绿地被开垦后，气候便越来越干燥，最后形成了如今的局面。

草地和林地中蕴藏着丰富的资源，如木材、药材、花果等。人类为了自身的经济利益，对草原、林地进行不合理的开发利用，肆意破坏草地和砍伐树木，导致草原退化、森林萎缩、沙漠化面积进一步扩大。据调查，近年来，每年进入内蒙古搂发菜的农民有几十万，甚至上百万人。这些"搂发菜大军"涉足的草场面积达上亿亩，所涉及的草场遭到破坏，大部分正处于沙漠化的进程当中。草原承受不了过重的负担，荒漠化便加速了。

导致气候日益干旱的直接原因还是缺水。根据有关研究表明，在干旱或半干旱地区，要维护其生态环境，地下水埋深最好维持在2～4米，否则将无法满足天然植物正常的需水量。而大量的农业用水及其他工业、林业用水，导致水资源的需求量不断增长，水资源短缺的矛盾日益突出，如果再加上对地下水的超采利用，那么这一地区的生态环境将遭到破坏，土地退化将更加明显。

❶ 草原退化

草原退化是一种受自然条件和人为活动影响，草原生物资源、土地资源、水资源和生态环境恶化，致使生产力下降的现象或过程，是全球性的环境生态问题之一。草原沙化、草原盐渍化及草原污染等都属于草原退化。

❷ 森林锐减

森林锐减是指人类的过度采伐或自然灾害所造成的森林大量减少的现象。地球上的陆地面积大约是1.3亿平方千米，据推测，在人类开始从事农业以前，地球上有将近1/2的陆地被森林覆盖，但到今天，森林面积却仅占地球面积的1/5，下一秒也许更少。

❸ 地下水埋深

地下水埋深是指地下水水面到地面的距离。这里的地下水指的是潜水，潜水即埋藏在地表以下，第一个稳定隔水层之上，具有自由表面的重力水。潜水的这个自由表面就是潜水面，而潜水面距离地面的深度就叫作地下水埋深。

53 荒漠化的危害

▲ 荒漠化会引发沙尘暴

　　早在人类出现以前，地球上就有了沙漠，而土地的荒漠化是干旱气候的产物。无论自然因素还是人为因素导致的荒漠化，大多都是植被被破坏，导致气候逐渐干燥，从而得不到庇护的土地便开始退化。土地的荒漠化加速了环境的恶化，严重威胁着动植物，甚至人类的生存环境。

　　土地沙化正急剧缩减如今可有效利用的土地资源，许多地区的荒漠化导致土壤结构破坏，养分流失，土壤的肥力下降。而自然条件下欲恢复土壤的肥力需要数十年，甚至成百上千年的时间，如果用人为手段予以恢复，所需投入量则难以计算。

沙漠化对农业的危害特别显著。在沙漠化地区，种子和肥料经常被吹走，甚至幼苗也会被连根拔起。土壤的水分不足，作物经常干死或被掩埋，即使反复补救，误了农时的事件也时有发生。

沙漠化引起草原退化，牧草产量明显降低，草原逐渐失去畜牧能力。而沙漠化所引起的河流、水渠、水库的堵塞，则容易导致水质恶化，严重的会引发洪水等灾害。

土地荒漠化的危害还远不止如此，为了我们赖以生存的环境，针对荒漠化的有效防治措施逐一出现。

① 土壤肥力

土壤肥力是土壤各种基本性质的综合表现，是土壤作为自然资源和农业生产资料的物质基础，也是土壤区别于成土母质和其他自然体的最本质的特征，是土壤为植物生长提供、协调营养条件和环境条件的能力。四大肥力因素有养分、水分、空气、热量。

② 农作物

农作物指农业上栽培的各种植物，包括粮食作物、油料作物、蔬菜作物、嗜好作物、纤维作物、药用作物等。

③ 荒漠化常引发沙尘暴

沙暴和尘暴总称为沙尘暴，是指强风把地面大量沙尘物质吹起并卷入空中，使空气特别浑浊，水平能见度小于一千米的严重风沙天气现象。其中沙暴指大风把大量沙粒吹入近地层所形成的挟沙风暴；尘暴则是大风把大量尘埃及其他细粒物质卷入高空所形成的风暴。

54 荒漠化的防治（一）

专家提出，防治荒漠化，应调节农林牧渔的关系，合理利用水资源，采取综合措施，多途径解决当地能源问题，并利用生物和工程措施构筑防护林体系，控制人口增长，推进土壤保护制度与法规的颁布，退耕还林还草。其具体措施如下：

设置沙障。沙障种类主要有草方格、黏土、篱笆、立式及平铺等。其中黏土固沙施工简单，且固沙效果较好，但需要大量的黏土。草方格沙障是使用稻草、麦草、芦苇等材料做成，具有截流降雨的作用，还有利于沙生植物的生长。

覆盖致密物。将塑料薄膜覆盖在沙地上，并用重物压住。这样可有效地防止水分的散失，不过塑料薄膜容易被风刮起，且会造成二次污染。

利用废塑料治理沙漠。将废塑料改造成固沙胶结材料，并将其喷洒在所种植物周围，15～20分钟后被喷洒区域就会形成黏性固沙层。该固沙层重量较大，不易被风刮起，故可有效地固沙和保水。

植物治理。在沙漠地区播种沙生植物，以阻止沙漠扩张，改善沙漠土地。沙生植物可抵抗狂风的袭击，且不易失水，能够很好地适应干旱少雨的环境。沙生植物的种植不仅可以固沙，还能形成防风林。

❶ 退耕还林

　　退耕还林指把不适合耕作的农地有计划地转换为林地。退耕还林这一想法是从保护和改善生态环境角度出发的，将易造成水土流失的坡耕地有计划、有步骤地停止耕种，按照适地适树的原则，因地制宜地植树造林，恢复森林植被。

❷ 沙障

　　沙障又称机械沙障、风障，是用黏土、柴草、树枝、卵石等物料在沙面上做成的障蔽物，可以消减风速，固定沙表，是固定流动沙丘和半流动沙丘的主要措施。设计沙障时，主要应考虑沙障的方向、间距、高度、密度、埋深和材料。

❸ 防风林

　　防风林又称防护林，是为了防风固沙、保持水土、调节气候、涵养水源、减少污染所经营的天然林和人工林。它是中国林种分类中的一个主要种类。营造防护林时要根据"因地制宜、因需设防"的原则，并抚育管理，在防护林地区只能进行择伐，清除病腐木，并需及时更新。

▲ 设置防护林防治荒漠化

55 荒漠化的防治（二）

▲ 种植沙漠植物防治荒漠化

　　根据专家意见并结合具体情况，防治土地荒漠化的多种措施已被提出，除了设置沙障、覆盖致密物、植物治理等外，还有如下方法。

　　沙漠地区的降水量不稳定，通常随气候而变化，其主要水源主要有降水、河道水以及地下水。水资源的利用在沙漠治理过程中是非常重要的一个方面。解决水资源主要从汲水、输水和节水灌溉等方面考虑。

　　汲水具有两种主要方式：地下井汲水工程，在沙漠中地下水发育的区域或含有水体的古湖泊、古河道建立地下井；坎儿井，由地表开挖许多直至含水层的竖井，然后再将各井底部相互挖通，形成地下渠道。

　　水资源的输送方式主要可分为渠道引水和管道输水。渠道引水输水损失率高达60%～70%，但目前是中国农业灌溉的主要方式；管道输水大大地降低了水资源在输送过程中的流失和蒸发，其输水损失率仅为20%～30%，并具有较大的输送量。

节水灌溉技术包括喷灌技术和微灌技术。喷灌被大量用于沙地灌溉，风速影响其效果，风速小于2米／秒时，喷洒均匀度可在85%以上。微灌是按照植物的需水要求，通过压低管道系统与安装在末级管道上的特制灌水器，以较小的流量，将水和作物生长所需的养分，均匀准确地直接输送到作物根部附近土壤中的一种方法，主要形式有滴灌、微型喷洒灌、地表下滴灌、涌泉灌等。

与众多防治措施相比，加强对防止荒漠化意识的教育则最为重要，毕竟预防永远比治理来得容易。

❶ 河道

河道是河水流经的路线，通常指能通航的水路。河道可划分为五个等级，一、二级河道大多是跨越并影响两省或数省的大江大河的河道，由水利部认定；三级河道大部分是影响一省或邻近省份的江河的河道，由水利部委托的地区水利厅协商并报水利部认定；四、五级河道则由各省水利厅认定。

❷ 作物需水量

作物需水量是作物在适宜的水分和肥力水平下，全生育期或某一时段内正常生长所需要的水量。包括消耗于作物蒸腾、株间蒸发和构成作物组成的水量。影响作物需水量的主要因素有气象、植物、土壤，以及灌溉、排水和耕作栽培技术等。

❸ 滴灌

滴灌是目前干旱缺水地区最有效的一种节水灌溉方式，利用塑料管道将水通过直径约10毫米毛管上的孔口或滴头送到作物根部进行局部灌溉。可适用于蔬菜、果树、温室大棚以及经济作物的灌溉，水的利用率可达95%。

56 水土流失

三大地质资源之一的土地资源是人类生产生活所需的最基本的资源和劳动对象。人类对土地资源的不合理利用，造成土地资源的破坏，其主要表现为水土流失、土地荒漠化、土壤污染及土地次生盐碱化，其中水土流失最为严重。

水土流失就是指在水力、重力、风力等外营力作用下，水土资源和土地生产力的破坏和损失的现象，是由于不利的自然因素和人类不合理的经济活动所造成的地面上水和土离开原来的位置，流失到较低的地方，再经过坡面、沟壑，汇集到江河河道内去的现象，包括土地表层侵蚀和水土损失，故水土流失又称水土损失。

根据水土流失的动力，可将其分为：水力侵蚀，在地表径流、地下径流及降水的作用下，土壤或其他地面组成物质被破坏、搬运和沉积的过程；重力侵蚀，地表岩体或土体在重力作用下平衡被破坏而产生位移的侵蚀过程；风力侵蚀，在气流的冲击作用下，沙粒或岩石碎屑等脱离地表，被搬运和堆积的过程。

目前中国水土流失的情况比较严重，山区、丘陵的面积约占国土面积的2/3，而其中大部分都存在水土流失现象。虽然在一定程度上进行了治理，但水土流失的面积仍然在不断扩大。

▲ 黄土高原是水土流失严重的地区

① 土壤污染

土壤污染是由于土壤污染物质的进入，土壤的正常功能被妨碍，作物产量和质量降低的现象。随着工业的迅猛发展、人口的急剧增长，固体废物不断向土壤表面倾倒和堆放，有害物质不断向土壤中渗透，大气中的有害气体及飘尘也不断随雨水降落到土壤当中，致使土壤污染越来越严重。

② 山区

山区一般指山地、丘陵以及比较崎岖的高原分布的地区。由于它的地形特点，山区较平原来说，不大适宜发展农业，易造成水土流失等生态破坏现象。但一些水热条件比较好的地区，是可以大力发展林、牧业的，开发旅游观光区也不失为增加当地人们收入的好方法。

③ 黄土高原水土流失

黄土高原地处黄河中上游和海河上游，自古就是人类文明的发祥地，但目前黄土高原的生态环境发生了深刻的变化，其中水土流失问题已成为其经济发展的重要制约因素。

57 水土流失的成因

多山、降水集中、易发生水土流失的地质、地貌条件和气候条件是造成水土流失的主要原因，可将其分为自然因素和人类活动因素。

影响水土流失的自然因素主要有：气候，如气温日照、降水量、降雨强度、相对湿度、风速等；地形，如海拔、相对高差、坡面形状、坡长、坡度等；地质，主要是指与山洪、滑坡、泥石流、坍塌以及沟蚀的发生、发展等侵蚀作用有较密切关系的岩石的属性和新构造运动；土壤，是被侵蚀的主要对象，土壤的抗蚀性、透水性、抗冲性都很大程度地影响水土流失；植被，有涵养水源、截留降水、改良气

▲ 滥伐森林会造成水土流失

候、固土等功能，对防止水土流失有很大功效，并能在一定程度上防止一些重力侵蚀作用。

相对于自然因素，人类活动对水土流失的影响更显其主导性。不合理的利用土地、顺坡耕地、陡坡开荒、铲挖草皮、过度放牧、滥伐森林、废土废渣随意丢弃等行为，破坏了地表植被，使土地日益沙化，如突降暴雨，就很容易发生水土流失。

1 海拔

海拔是海拔高度的简称，是指某地与海平面的高度差，通常以平均海平面作为标准来计算，表示的是地面某个地点高出或低于海平面的垂直距离。海拔的起点称为海拔零点或水准零点，是某一滨海地点的平均海水面。地球表面海拔最高的地点是珠穆朗玛峰，最低的地点是马里亚纳海沟。

2 渗透

渗透指当利用半透膜把两种不同浓度的溶液隔开时，浓度较低的溶液中的溶剂（如水）自动地透过半透膜流向浓度较高的溶液，直到化学位平衡为止的现象。半透膜是一种有选择性的透膜，它只能透过特定的物质，而将其他物质阻隔在另一边。

3 植物截留

植物截留是指降水落到地面以前，被树木枝叶、作物茎叶截去的部分。初降雨时，雨滴落在植物枝叶上，几乎全部被枝叶截留，在没能满足枝叶最大截留量之前，植物下面的地面，只能获取少量降水。植物截留是降水损失的一个重要方面。

58 水土流失的危害（一）

　　水土流失是不利的自然条件与人类不合理的经济活动共同作用的产物。严重的水土流失，不仅给当地人民的生活、生产带来极大的危害，同时也严重威胁着河流下游地区人民的生命、财产安全。水土流失所带来的危害表现在各个方面。

　　破坏土地资源，使土壤肥力下降。土地资源是一种有限的不可再生资源，是人们赖以生存的基础。然而，以中国来看，大面积的水土流失，使耕地平均每年损失几万公顷，每年流失土壤在50亿吨以上。大量肥沃的表层土壤丧失，土壤肥力下降已成为粮食生产发展的严重障碍。

　　水土流失加剧了洪涝灾害。许多地方河流中下游平原地区的洪涝灾害，都是由于上中游山区、丘陵区的水土流失造成的。上游流域的水土流失，致使汇入河道的泥沙量大幅度增加，当河流在中、下游的流速降低时，河水中所夹带的泥沙就逐渐下沉淤积，使得河道阻塞，水库容量减少，严重影响了航运事业和水利工程。如突遇强降水，防护不及时，极有可能引发洪涝灾害。

　　水土流失还导致干旱加剧。水土流失严重的地区，水利设施会受到严重的影响，很大程度上削弱了当地的储水、输水能力，于是水资源会呈现相对匮乏的局面，导致旱情的发生。

❶ 水利工程

水利工程又称水工程，是用于控制和调配自然界的地表水和地下水，达到除害兴利目的而修建的工程。水利工程需要修建坝、堤、溢洪道、水闸、进水口等不同类型的水工建筑物，是为了控制水流，防止洪涝灾害，并进行水量的调节和分配以满足人民生活和生产对水资源的需要而修建的。

❷ 洪涝灾害

洪是指大雨、暴雨引起水道急流、山洪暴发、河水泛滥淹没农田、毁坏环境与各种设施等原生环境问题；涝指水过多或过于集中，或返浆水过多造成的积水灾害。总体来说，洪和涝都是水灾的一种。

❸ 平原

平原是陆地上最平坦的地域，一般都在沿海地区，是海拔较低的平坦的广大地区，海拔多在500米以下。根据其高度可将平原分为低平原，海拔在200米以下；高平原，海拔在200～500米。又可根据其成因，将平原分类为冲积平原、海蚀平原、冰蚀平原和冰碛平原。

▲ 水土流失会造成洪涝灾害

59 水土流失的危害（二）

▲ 水土流失会淤积水库

　　水土流失所带来的危害深远而巨大，不仅会引发一系列的资源匮乏和自然灾害，甚至会影响整个国家的建设发展。

　　水土流失恶化生态环境，使贫困加剧。水土流失严重的地区，由于地力下降，作物产量下降，会形成"越穷越垦，越垦越穷"的恶性循环。大面积的开垦，使植被受到严重破坏，区域的生态日益恶化，不良的生态又影响了农业的生产发展，于是便又形成了一种恶性循环。

　　水土流失影响水资源的开发利用。水土流失造成大量泥沙下泄，淤积水库、山塘，降低了这些水利设施的蓄水功能，影响了水资源的合理开发利用。而水资源的不合理开发利用，就会出现人与自然争水的现象，生态用水就会减少，天然绿地萎缩，本来就很脆弱的生态环境将进一步恶化。

水土流失影响国家建设事业的发展。就中国而言，水土流失严重威胁着大中城市、工矿企业和国防要地的基础设施建设和经济的可持续发展。环境破坏导致的水土流失与洪水、暴雨、泥石流等自然灾害引起的公共设施坍塌、交通中断等事件常有发生。

❶ 生态

生态一词源于古希腊语，意思是指家或者我们的环境，现在通常指生物的生活状态，指生物之间和生物与环境之间的相互联系、相互作用，也指生物的生理特性和生活习性。

❷ 暴雨

暴雨是24小时降水量为50毫米或50毫米以上的强降雨。由于各地降水和地形特点不同，所以各地暴雨洪涝的标准也有所不同。作为一种灾害性天气，暴雨往往造成水土流失、洪涝灾害以及严重的人员和财产损失。

❸ 生态破坏

生态破坏是指人类不合理的开发、利用造成草原、森林等自然生态环境的破坏，从而使人类、动物、植物的生存条件恶化的现象。现今比较严重的生态破坏有水土流失、土地荒漠化、土地盐碱化、生物多样性减少等。

60 防治水土流失

　　水土流失可谓一种顽症，目前尚未得到有效的遏制，在某些地区甚至仍在不断扩大。水土流失已成为制约各国，特别是发展中国家发展的一项紧迫而艰巨的难题。针对这一问题，专家们提出了许多防治措施，其基本原理大体是减少坡面径流量、减缓径流速度、提高坡面抗冲能力和土壤吸水能力，同时尽可能提高侵蚀基准面。

　　对水土流失的有效防治，单靠一种力量不行，必须做到多种措施联合治理。应沿径流运动路线，因地制宜，以预防为主，并做到治理和预防相结合；伴随着治沟措施，着重治坡；采用工程和生物双重措施，侧重环保高效的生物措施。只有将各种措施综合起来，集中并持续治理，才能起到有效防治的作用。

　　林草植被的建设历来是流域治理水土流失的一项重要措施，在改善区域生态环境方面具有显著作用。需要严格控制毁林开荒、滥伐森林、过度放牧、农作物的坡地种植以及人类不合理的经济活动等，遵循适地适树的原则，以保护植被和水土保持为重点，将退耕还林和荒山造林相结合，全面提高对水土流失的治理效率。

　　再好的措施也要配合相应的法规才能正常有序地发挥功效，所以进一步健全与加强水土保持的法治建设是相当必要的。

▲ 人工造林防治水土流失

① 侵蚀基准面

侵蚀基准面又称侵蚀基面，是具有某一特定高程，控制某一河段或全河的纵向侵蚀过程的水平面，河流下切到该水平面以后将逐渐失去侵蚀能力，不能下切到该平面以下。其高低决定河流纵剖面的状态，其升降会引起长河段的冲淤和平面上的变化。

② 水土保持

水土保持是指对自然因素和人为活动造成的水土流失所采取的预防和治理措施。水土保持是具有科学性、地域性、综合性和群众性的一项综合性很强的系统工程。其主要措施是工程措施、生物措施和蓄水保土耕作措施。

③ 生物措施与工程措施

生物措施是通过恢复植被来防风固沙、保持水土、涵养水源的措施；工程措施是通过系列建设工程来达到改善环境的目的，例如修水库、修梯田、设沙障等。工程措施见效快，但有可能引起其他环境问题；生物措施虽然见效慢，但环保且具有长远的经济价值。